甘肃兴隆山
国家级自然保护区 珍稀濒危植物图鉴

张学炎 刘晓娟 主编

中国林业出版社

图书在版编目(CIP)数据

甘肃兴隆山国家级自然保护区珍稀濒危植物图鉴 / 张学炎, 刘晓娟主编. -- 北京 : 中国林业出版社, 2022.4
ISBN 978-7-5219-1593-8

Ⅰ. ①甘… Ⅱ. ①张… ②刘… Ⅲ. ①自然保护区—珍稀植物—濒危植物—兰州—图集 Ⅳ. ①Q948.524.23-64

中国版本图书馆CIP数据核字(2022)第039038号

中国林业出版社·自然保护分社（国家公园分社）

策划编辑：甄美子
责任编辑：甄美子

出版	中国林业出版社（100009　北京市西城区刘海胡同7号）
	http://www.forestry.gov.cn/lycb.html　　电话：(010) 83143616
发行	中国林业出版社
印刷	河北京平诚乾印刷有限公司
版次	2022年4月第1版
印次	2022年4月第1次印刷
开本	787mm×1092mm　1/16
印张	8
字数	200千字
定价	68.00元

未经许可，不得以任何方式复制或抄袭本书的部分或全部内容。
版权所有　侵权必究

编委会

项目领导小组：
组　长：谭　林　　张永虎
副组长：邹天福　　林宏东　　张学炎　　陈玉平　　孙伟刚　　裴应泰

主　编： 张学炎（甘肃兴隆山国家级自然保护区管护中心　正高级工程师）
　　　　　刘晓娟（甘肃农业大学林学院　副教授）

副主编： 刘　瑞（甘肃兴隆山国家级自然保护区管护中心　工程师）
　　　　　王春玲（甘肃兴隆山国家级自然保护区管护中心　高级工程师）
　　　　　潘世成（甘肃兴隆山国家级自然保护区管护中心　正高级工程师）

编　委（按姓氏笔画排序）：
　　　　王春玲　　王翠英　　刘　瑞　　刘晓娟　　祁　军　　许晓蓉
　　　　杨传杰　　邹天福　　张学炎　　陈　蕾　　裴应泰　　潘世成

审　稿： 孙学刚（甘肃农业大学林学院　教授）
摄　影： 张学炎　　刘晓娟　　孙学刚　　王春玲　　刘　瑞　　杨传杰

前言

甘肃兴隆山国家级自然保护区在中国植物地理区划上处于蒙新区、华北区和青藏高原区的交汇地带，境内植物种类丰富，植物区系成分复杂。主要保护对象为野生动物马麝和原始云杉林及生态系统。根据1996年完成的《甘肃兴隆山国家级自然保护区资源本底调查研究》成果，已知保护区内分布有高等植物120科452属1022种。

为了全面掌握保护区内国家重点保护及珍稀濒危野生植物资源现状，实现保护区内野生植物重点类群的科学管护和精准监测，原甘肃兴隆山国家级自然保护区管理局于2016年立项启动了保护区国家重点保护及珍稀濒危野生植物的调查与保护评价研究项目，历经6年全域性实地调查和分类学考证，基本查清了保护区内国家重点保护及珍稀濒危野生植物的种类、分布范围、生境条件、资源现状和受威胁因素。其中，国家重点保护野生植物的物种范畴依据国务院颁布及国家林业和草原局、农业农村部公布的《国家重点保护野生植物名录》（1999年，2021年），珍稀濒危野生植物则根据植物种类在保护区的种群大小、特有性、生境狭窄性、受威胁程度以及科学价值和经济价值等定性指标进行综合判定。

基于历年调查研究积累的基础数据、影像资料、腊叶标本和文献考证，初步筛选出保护区内分布的国家重点保护及珍稀濒危野生植物57种，作为自然保护区野生植物管护工作中需要特别关注的重点类群。经分类学修订和系统整理，编撰成《甘肃兴隆山国家级自然保护区珍稀濒危植物图鉴》一书，以便于保护区工作人员快速识

别和掌握这些重点保护野生植物类群，同时也有利于向公众普及国家重点保护和珍稀濒危野生植物物种知识，提升公众自然保护的科学素养和物种保护的法律意识。

书中收录的每种植物中文名、拉丁学名、分类处理以及排列顺序均依照《Flora of China》（1988—2013年）进行核定和排序。每种植物均有形态特征的简要描述、在保护区内的分布范围、生境特点以及保护价值和建议保护措施。同时为每种植物选配多幅原色图片直观展示该种植物的主要识别特征，并用分布图呈现每种植物在保护区的具体分布地点，图中用星形标志表示零星分布，用色块表示连续分布。

在野外调查工作中，各保护站管护人员给予了大力支持和配合。本书出版得到了"兴隆山保护区保护及珍稀濒危野生植物调查与保护评价研究"项目（项目编号：2016kj045）资助。在此一并致谢。

由于编者知识和水平有限，书中难免还有不足之处，恳望专家和读者批评指正。

编者
2021年11月于兰州

目录

前 言

巴山冷杉……………………002	唐古特瑞香……………………034
中麻黄………………………004	珠子参…………………………036
单子麻黄……………………006	疙瘩七…………………………038
金荞…………………………008	红北极果………………………040
掌叶大黄……………………010	麻花艽…………………………042
鸡爪大黄……………………012	秦艽……………………………044
小大黄………………………014	密生波罗花……………………046
驼绒藜………………………016	五福花…………………………048
扁果草………………………018	桃儿七…………………………050
蒙古白头翁…………………020	黄缨菊…………………………052
星叶草………………………022	款冬……………………………054
锐棱阴山荠…………………024	一把伞南星……………………056
蒙古黄耆……………………026	七叶一枝花……………………058
淡紫花黄耆…………………028	榆中贝母………………………060
甘草…………………………030	穿龙薯蓣………………………062
黄瑞香………………………032	射干……………………………064

毛杓兰	066	冷兰	094
绿花杓兰	068	剑唇兜蕊兰	096
小斑叶兰	070	孔唇兰	098
绶草	072	火烧兰	100
河北盔花兰	074	北方鸟巢兰	102
北方盔花兰	076	太白山鸟巢兰	104
广布小红门兰	078	尖唇鸟巢兰	106
二叶舌唇兰	080	二花对叶兰	108
蜻蜓舌唇兰	082	对叶兰	110
对耳舌唇兰	084	裂唇虎舌兰	112
凹舌掌裂兰	086	原沼兰	114
角盘兰	088	参考文献	116
裂瓣角盘兰	090	中文名索引	117
二叶兜被兰	092	拉丁名索引	119

甘肃兴隆山国家级自然保护区植被图

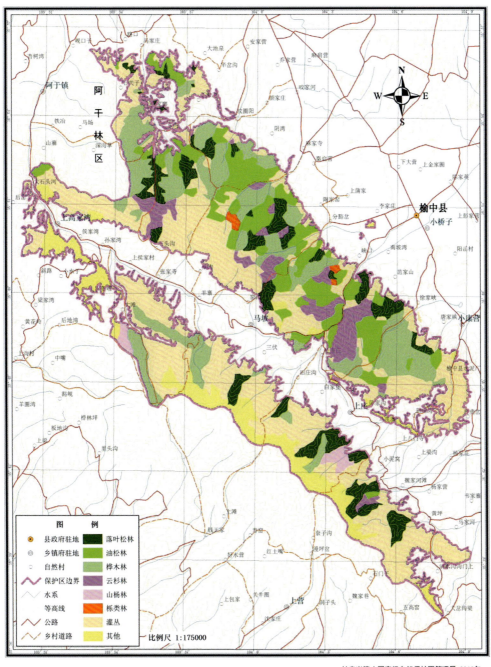

甘肃兴隆山国家级自然保护区管理局 2018年

巴山冷杉
Abies fargesii Franch.

松科 Pinaceae

⭐ **形态识别要点：** 常绿乔木。树皮块状开裂；一年生枝红褐色或微带紫色，无毛。叶在枝条上螺旋状排列，或在枝条下面排成2列，条形，长1～3厘米，宽1.5～4毫米，先端钝，有凹缺。球果着生叶腋，直立，柱状矩圆形或圆柱形，长5～8厘米，径3～4厘米，成熟时淡紫色、紫黑色或红褐色；球果成熟后种鳞脱落；苞鳞尖头露出或微露出。

◎ **本区分布：** 马家寺石门沟。分布海拔2600～2800米。

🌡 **生境：** 山地阴坡。

⭐ **保护依据：** 中国特有种。本区为该种分布区的西北部边缘地带。

✋ **建议保护措施：** 禁止砍伐。

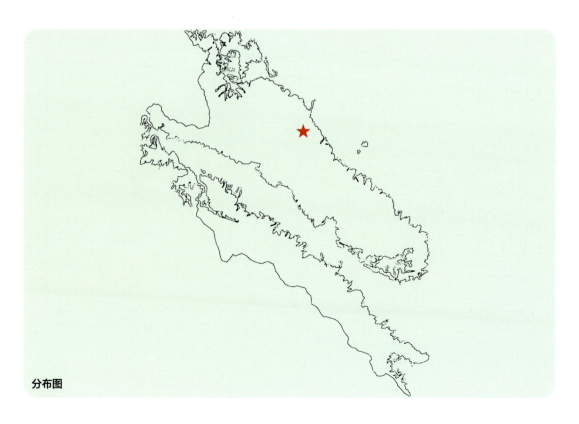

分布图

01：整株；02：树干；03：枝叶；04：雄球花；05：球果

中麻黄
Ephedra intermedia Schrenk ex Mey.

麻黄科 Ephedraceae

⭐ **形态识别要点：** 灌木，高20～100厘米。茎直立或斜上，基部多分枝；绿色小枝常被白粉呈灰绿色，径1～2毫米，节间通常长3～6厘米。叶3裂及2裂，下部约2/3合生成鞘状，上部裂片钝三角形或窄三角披针形。雄球花通常无梗，数个密集于节上成团状，具5～7对交叉对生或5～7轮（每轮3片）苞片；雌球花2～3成簇，对生或轮生于节上，苞片3～5轮（每轮3片）或3～5对交叉对生，最上一轮苞片有2～3雌花，雌球花成熟时苞片肉质红色。种子包于肉质红色的苞片内，不外露，3粒或2粒。

📍 **本区分布：** 响水沟、黄崖沟。分布海拔2600～2700米。

🌡 **生境：** 砾石山坡或沟谷。

⭐ **保护依据：** 近危（IUCN）。

✋ **建议保护措施：** 禁止采挖。

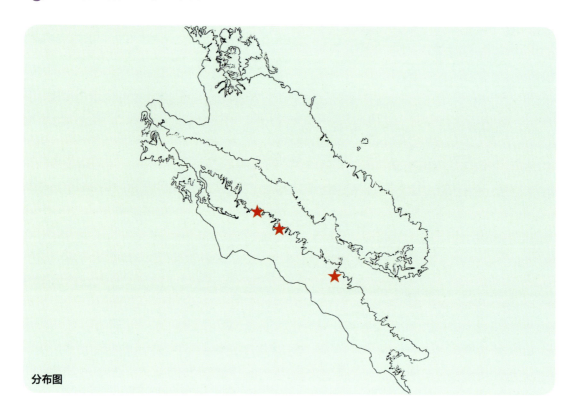

分布图

01：居群；02：花期单株；03：枝；04：雄球花；05：成熟球果

单子麻黄

Ephedra monosperma Gmel. ex Mey.

麻黄科　Ephedraceae

形态识别要点：草本状矮小灌木，高5～15厘米。木质茎短小，长1～5厘米，多分枝，弯曲并有节结状突起，皮多呈褐红色；绿色小枝节间细短，长1～2厘米，径约1毫米。叶2片对生，膜质鞘状，下部1/3～1/2合生，裂片短三角形。雄球花单生枝顶或对生节上，多成复穗状，长3～4毫米，径2～4毫米，苞片3～4对，假花被较苞片长；雌球花单生或对生节上，无梗，苞片3对，雌球花成熟时苞片肉质红色，微被白粉。种子包于肉质红色的苞片内，外露，多为1粒。

本区分布：官滩沟、分壑岔、八盘梁、黄崖沟、尖山。分布海拔2900～3100米。

生境：半阳坡沙壤土质。

保护依据：种群稀少。

建议保护措施：禁止采挖。

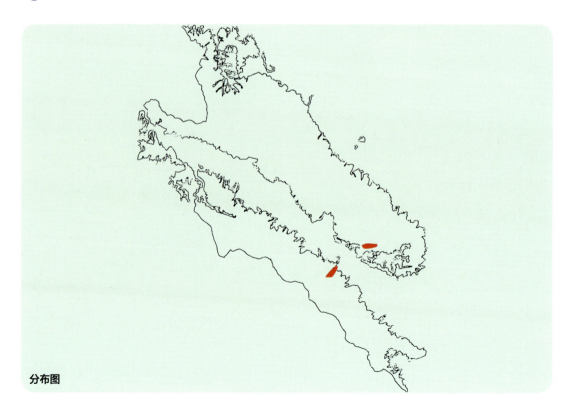

分布图

01：营养期居群；02：雄球花；03：果期居群；04：雌球花；05：成熟球果

金荞
Fagopyrum dibotrys (D. Don) H. Hara

蓼科 Polygonaceae

形态识别要点： 多年生草本，高50～100厘米。茎具纵棱。叶互生，三角形，长4～12厘米，宽3～11厘米，顶端渐尖，基部近戟形，边缘全缘，两面具乳头状突起或被柔毛；叶柄长可达10厘米；托叶鞘筒状，膜质，褐色，长5～10毫米，偏斜，顶端截形。花序伞房状，顶生或腋生；苞片卵状披针形，长约3毫米，每苞内具2～4花；花被5深裂，白色。瘦果宽卵形，具3锐棱，超出宿存花被2～3倍。

本区分布： 党家山荨麻沟。分布海拔2300～2400米。

生境： 山谷湿地、山坡灌丛。

保护依据： 国家二级重点保护野生植物（1999）；国家二级重点保护野生植物（2021）。

建议保护措施： 封山禁牧。

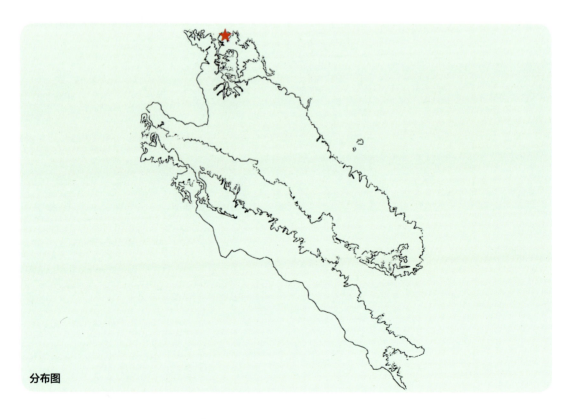

分布图

01: 整株；02: 叶；03: 花序；04: 幼果

掌叶大黄
Rheum palmatum Linn.

蓼科 Polygonaceae

⭐ **形态识别要点**：多年生高大粗壮草本，高1.5～2米。根及根状茎粗壮木质。茎中空。叶互生，长宽近相等，长达40～60厘米，掌状5中裂，每一大裂片又裂为近羽状的窄三角形小裂片，叶基部近心形；叶柄粗壮，与叶片近等长；茎生叶向上渐小；托叶鞘大，长达15厘米。大型圆锥花序，分枝较聚拢，密被粗糙短毛；花小，通常为紫红色，有时黄白色；花被片6，外轮3片窄小，内轮3片较大。瘦果矩圆状椭圆形至矩圆形，长8～9毫米，宽7～7.5毫米，两端均下凹，翅宽约2.5毫米。

◎ **本区分布**：马衔山、大滩、红庄子、阳屲村。分布海拔2400～3000米。

🌡 **生境**：山坡草地或耕地。

⭐ **保护依据**：根茎药用，采挖后难以恢复。

✋ **建议保护措施**：封山禁牧、禁止采挖。

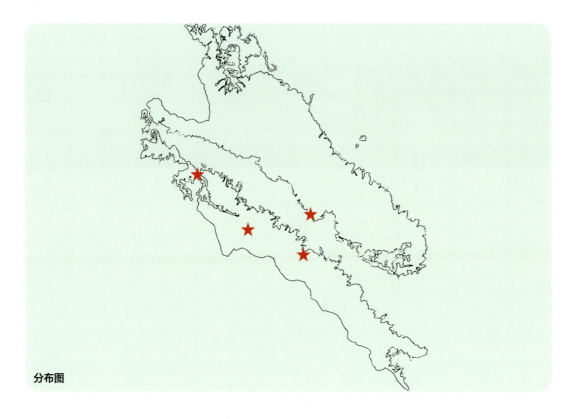

分布图

01：居群；02：整株；03：叶；04：未开放花序；05：花序

鸡爪大黄

Rheum tanguticum (Maxim. ex Regel) Maxim. ex Balf.

蓼科　Polygonaceae

★ **形态识别要点**：多年生高大草本，高1.5～2米。根及根状茎粗壮，黄色。茎中空。茎生叶大型，叶片近圆形或及宽卵形，长30～60厘米，基部略呈心形，掌状5深裂，中间3个裂片多为三回羽状深裂，小裂片窄长披针形；叶柄与叶片近等长；茎生叶较小；托叶鞘大型，以后多破裂。大型圆锥花序，分枝较紧聚，花小，紫红色稀淡红色；花被片6，内轮3片较大。瘦果矩圆状卵形到矩圆形，长8～9.5毫米，宽7～7.5毫米，翅宽2～2.5毫米。

◎ **本区分布**：马衔山、大滩、红庄子、哈班岔、分豁岔。分布海拔2400～2800米。

🌡 **生境**：山坡草地或耕地。

★ **保护依据**：根茎药用，采挖后难以恢复。

✋ **建议保护措施**：封山禁牧、禁止采挖。

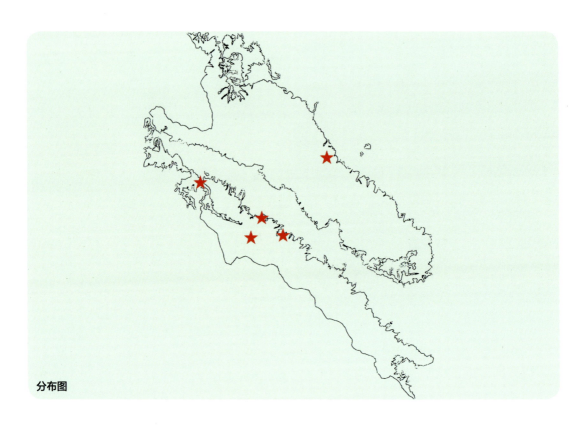

分布图

01：整株；02：叶；03：花序；04：果序

小大黄
Rheum pumilum Maxim.

蓼科　Polygonaceae

形态识别要点： 多年生草本，高10～25厘米。茎细，具细纵沟纹。基生叶2～3片，卵状椭圆形或卵状长椭圆形，长1.5～5厘米，宽1～3厘米，近革质，顶端圆，基部浅心形，全缘；叶柄与叶片等长或稍长；茎生叶1～2片，较窄小，近披针形，通常叶部均具花序分枝；托叶鞘短，干后膜质，常破裂。窄圆锥状花序，分枝稀疏，花2～3朵簇生；花被不开展，花被片边缘紫红色。瘦果三角形或三角状卵形，长5～6毫米，翅窄。

本区分布： 马衔山、西番沟梁。分布海拔3200～3600米。

生境： 高山草地。

保护依据： 根茎药用，采挖后难以恢复。

建议保护措施： 封山禁牧、禁止采挖、清除鼠害。

分布图

01：居群；02：花期单株；03：根；04：叶；05：叶背；06：花序

小大黄

驼绒藜
Krascheninnikovia ceratoides (Linn.) Gueldenst.

藜科　Chenopodiaceae

⭐ **形态识别要点：** 落叶灌木。分枝多集中于下部，斜展或平展。叶互生，较小，条形、条状披针形、披针形或矩圆形，长1～5厘米，宽0.2～1厘米，基部渐狭、楔形或圆形。雄花序长达4厘米，紧密；雌花管椭圆形，长3～4毫米，宽约2毫米；花管裂片角状，长为管长的1/3至等长。胞果直立，椭圆形，被毛。

◎ **本区分布：** 水家沟、谢家岔、圆头。分布海拔2100～2300米。

🌡 **生境：** 黄土干旱山坡。

⭐ **保护依据：** 我国北方重要的水土保持、防风固沙灌木，优良饲料植物。

✋ **建议保护措施：** 封山禁牧。

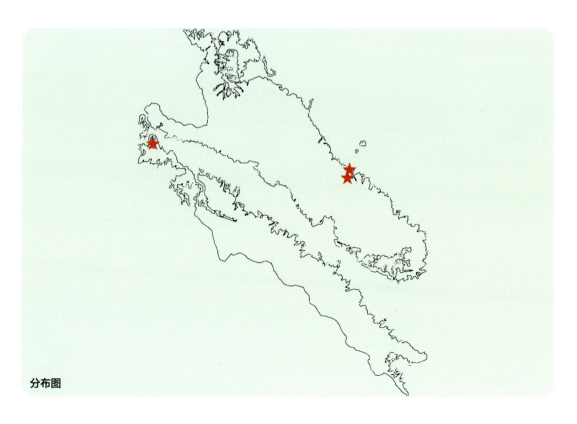

分布图

01：群落；02：整株；03：枝叶；04：花序；05：成熟果序

扁果草
Isopyrum anemonoides Kar. et Kir.

毛茛科 Ranunculaceae

★ **形态识别要点：** 多年生草本。茎柔弱，高10～23厘米。基生叶多数，为二回三出复叶，叶片轮廓三角形，宽达6.5厘米，中央小叶等边菱形至倒卵状圆形，长及宽均1～1.5厘米，三全裂或三深裂，裂片有3枚粗圆齿或全缘，不等的二至三深裂或浅裂；叶柄长3.2～9厘米。茎生叶1～2枚，较小。单歧聚伞花序具2～3花；苞片卵形，三全裂或三深裂；花梗纤细，长达6厘米；花直径1.5～1.8厘米；萼片白色，宽椭圆形至倒卵形，长7～8.5毫米，宽4～5毫米；花瓣长圆状船形，长2.5～3毫米。蓇葖扁平，长约6.5毫米，宿存花柱微外弯。

◎ **本区分布：** 兴隆山东山。分布海拔2300～2400米。

🌡 **生境：** 草地、林下。

★ **保护依据：** 种群稀少。

✋ **建议保护措施：** 封山禁牧。

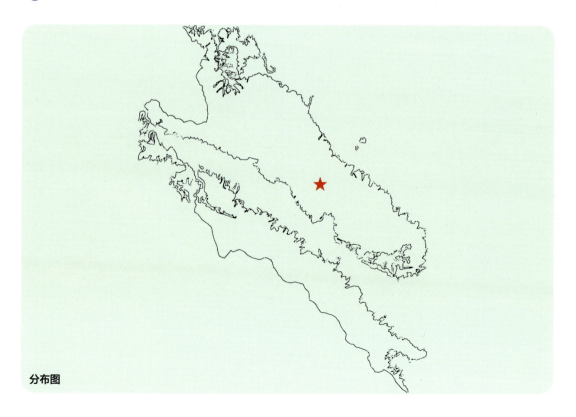

分布图

01：居群；02：叶；03：花期植株；04：花

蒙古白头翁
Pulsatilla ambigua (Turcz. ex Hayek) Juz.

毛茛科 Ranunculaceae

⭐ **形态识别要点**：多年生草本，高16～22厘米。基生叶6～8，与花同时发育，叶片卵形，长2～3.2厘米，宽1.2～3.2厘米，三全裂，一回中全裂片宽卵形，又三全裂，二回中全裂片五角形，二回细裂，末回裂片披针形，有1～2小齿；叶柄长3～10厘米。花葶1～2，直立，有柔毛；苞片3，长1.5～2.8厘米，裂片披针形或线状披针形，全缘或有1～2小裂片；花梗长约4厘米，结果时长达16厘米；花直立；萼片紫色，长圆状卵形，长2.2～2.8厘米，宽约8毫米，外面有密绢状毛。聚合果直径4～4.5厘米；宿存花柱长2.5～3厘米。

📍 **本区分布**：西番梁。分布海拔3000～3200米。

🌡 **生境**：高山草地。

⭐ **保护依据**：种群稀少。

✋ **建议保护措施**：封山禁牧。

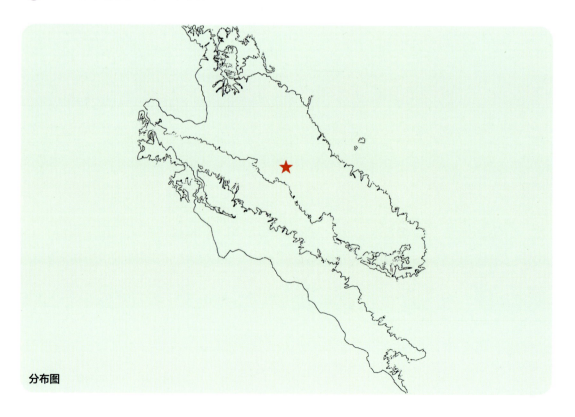

分布图

01：花期居群；02：花；03：果

星叶草
Circaeaster agrestis Maxim.

星叶草科 Circaeasteraceae

⭐ **形态识别要点**：一年生小草本，高3~10厘米。宿存的2子叶和叶簇生；子叶线形或披针状线形，长4~11毫米；叶菱状倒卵形、匙形或楔形，长0.35~2.3厘米，宽1~11毫米，基部渐狭，边缘上部有小牙齿。花小，两性；萼片2~3，狭卵形，长约0.5毫米。瘦果狭长圆形或近纺锤形，长2.5~3.8毫米，有密或疏的钩状毛，偶尔无毛。

📍 **本区分布**：大洼沟沟谷、窑沟、太平沟脑、八盘梁。分布海拔2500~3000米。

🌡 **生境**：山坡或沟谷林下湿润处。

⭐ **保护依据**：生境狭窄。

✋ **建议保护措施**：封山禁牧，禁止游客进入。

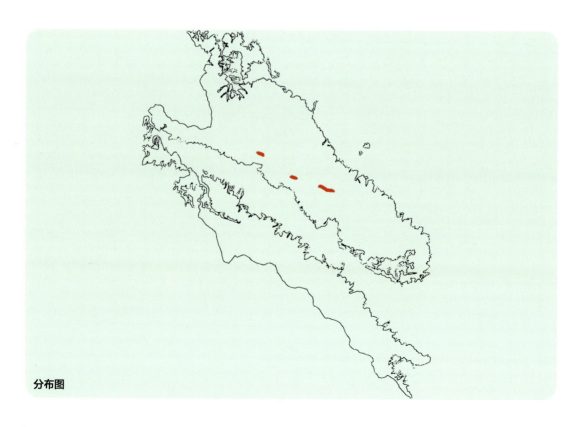

分布图

01：居群；02：果期居群；03：果期单株；04：果

锐棱阴山荠
Yinshania acutangula (O. E. Schulz) Y. H. Zhang

十字花科　Brassicaceae

形态识别要点： 一年生草本，高30~50厘米。茎上部分枝，具纵棱。叶片卵形、长圆形或宽卵形，长1~3.5厘米，宽7~20毫米，羽状深裂或全裂，侧裂片1~4对，长4~15毫米，宽2~8毫米，全缘，具粗牙齿或具缺刻状浅裂；叶柄长3~15毫米。花序伞房状，果期极伸长；花梗长3~4毫米，丝状；花瓣白色，倒卵形，长约2毫米，宽约1毫米。短角果披针状椭圆形，长3~4毫米，宽0.8~1.2毫米；果梗丝状，长4~6毫米，宿存花柱长约0.3毫米。

本区分布： 兴隆峡。分布海拔2400~2800米。

生境： 山坡草地。

保护依据： 种群稀少。

建议保护措施： 封山禁牧。

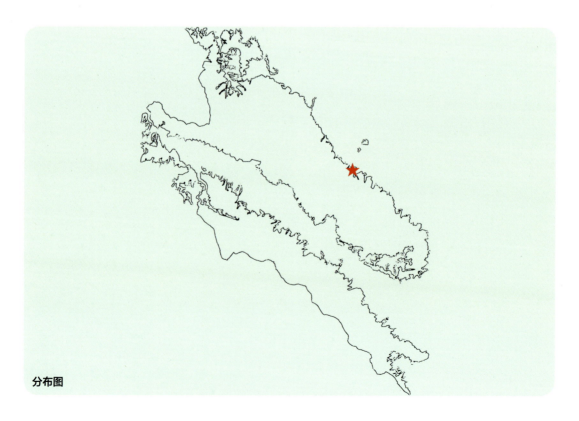

分布图

01：居群；02：花期单株；03：叶；04：花序；05：果序

蒙古黄耆
Astragalus mongholicus Bunge

豆科 Fabaceae

⭐ **形态识别要点：** 多年生草本。主根肥厚，木质，常分枝，灰白色。茎上部多分枝。羽状复叶具13～27小叶，长5～10厘米；叶柄长0.5～1厘米；小叶椭圆形或长圆状卵形，长5～10毫米，宽3～5毫米。总状花序稍密，有10～20朵花；总花梗与叶近等长或较长，至果期显著伸长；花萼钟状，长5～7毫米，萼齿短；花冠黄色或淡黄色，长12～20毫米。荚果薄膜质，稍膨胀，半椭圆形，长20～30毫米，宽8～12毫米，顶端具刺尖，果颈超出萼外。

🌐 **本区分布：** 峡口西坡、张家窑、范家山、哈班岔、深岘子。分布海拔2200～2600米。

🌡 **生境：** 向阳山坡或耕地。

⭐ **保护依据：** 根茎药用，采挖后难以恢复。

✋ **建议保护措施：** 封山禁牧，禁止采挖。

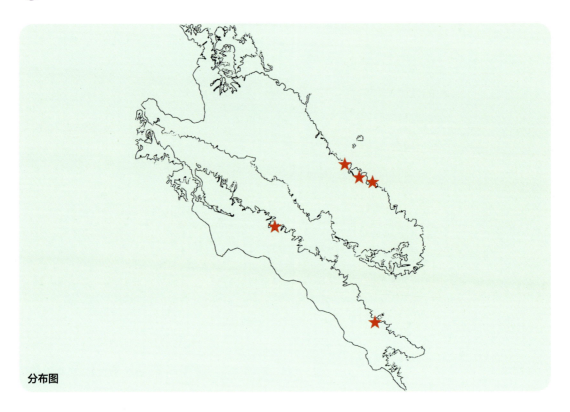

分布图

01：整株；02：根；03：叶；04：花序；05：果

淡紫花黄耆
Astragalus purpurinus (Y. C. Ho) Podlech & L. R. Xu

豆科　Fabaceae

⭐ **形态识别要点：** 多年生草本，高50～100厘米。主根肥厚，木质，常分枝，灰白色。茎紫红色，上部多分枝。羽状复叶具7～19小叶，长5～9厘米；小叶椭圆形或长圆状卵形，长10～17毫米，宽3～7毫米。总状花序松散，多花；总花梗与叶近等长或较长，至果期显著伸长；花萼钟状，长4～5毫米，萼齿短；花冠淡紫红色，长13～15毫米。荚果薄膜质，稍膨胀，半椭圆形，顶端具刺尖，果颈超出萼外。

◎ **本区分布：** 马衔山、徐家峡、红庄子、哈班岔、八盘梁。分布海拔2400～3500米。

🌡 **生境：** 山坡灌丛。

⭐ **保护依据：** 根茎药用，采挖后难以恢复。

✋ **建议保护措施：** 封山禁牧，禁止采挖。

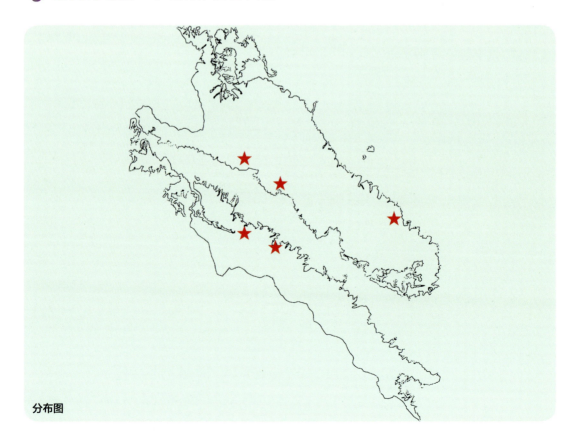

分布图

01：整株；02：茎叶；03：花序；04：幼果序；05：成熟果实

甘草
Glycyrrhiza uralensis Fisch. ex Candolle

豆科 Fabaceae

⭐ **形态识别要点：** 多年生草本。根与根状茎粗壮，直径1～3厘米，外皮褐色，里面淡黄色，具甜味。茎多分枝，高30～120厘米。叶长5～20厘米；小叶5～17，卵形、长卵形或近圆形，长1.5～5厘米，宽0.8～3厘米，两面均密被黄褐色腺点及短柔毛，边缘全缘或微呈波状，多少反卷。总状花序腋生，具多数花；花萼钟状，长7～14毫米，萼齿5，与萼筒近等长；花冠紫色、白色或黄色，长10～24毫米。荚果弯曲呈镰刀状或呈环状，密集成球，密生瘤状突起和刺毛状腺体。

◎ **本区分布：** 水家沟、谢家岔。分布海拔2000米。

🌡 **生境：** 干旱山坡或耕地。

⭐ **保护依据：** 国家二级重点保护野生植物（2021）。

✋ **建议保护措施：** 封山禁牧、禁止采挖。

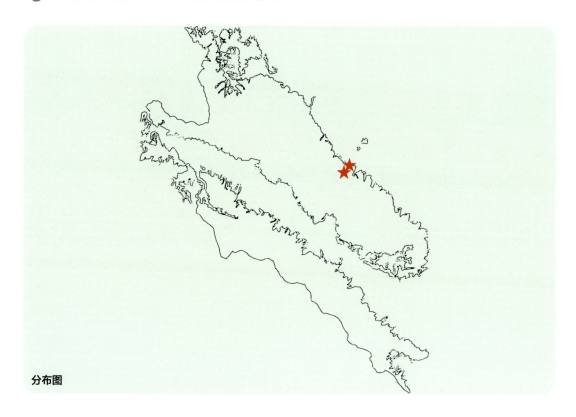

分布图

01：花期单株；02：根；03：叶；04：花序；05：成熟果实

黄瑞香
Daphne giraldii Nitsche

瑞香科　Thymelaeaceae

⭐ **形态识别要点：** 落叶灌木。单叶互生，倒披针形，长3~6厘米，宽0.7~1.2厘米，基部狭楔形，边缘全缘，下面带白霜；叶柄极短或无。花黄色，常3~8朵组成顶生的头状花序；花序梗极短或无，花梗极短；花萼筒圆筒状，长6~8毫米，直径2毫米，裂片4，卵状三角形。浆果卵形或近圆形，成熟时红色，长5~6毫米，直径3~4毫米。

本区分布： 本区广布。分布海拔2400~2800米。

生境： 山坡林下、灌丛。

保护依据： 茎皮药用，采挖后难以恢复。

建议保护措施： 禁止采挖。

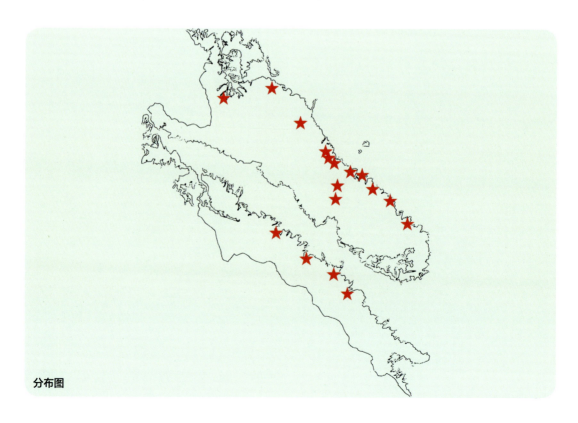

分布图

01：花期植株；02：叶；03：花；04：幼果；05：成熟果实

唐古特瑞香
Daphne tangutica Maxim.

瑞香科 Thymelaeaceae

形态识别要点： 常绿灌木。不规则多分枝。单叶互生，革质或亚革质，披针形至长圆状披针形或倒披针形，长2～8厘米，宽0.5～1.7厘米，基部下延于叶柄，边缘全缘，反卷，下面淡绿色；叶柄短或几无。头状花序生于小枝顶端；花外面紫色或紫红色，内面白色；花序梗长2毫米，花梗极短或几无；花萼筒圆筒形，长9～13毫米，宽2毫米，裂片4，卵形或卵状椭圆形，开展。浆果卵形或近球形，无毛，直径6～7毫米，成熟时红色，干燥后紫黑色。

本区分布： 八盘至窑沟梁、尖山、马衔山梁等多处。分布海拔2800～3200米。

生境： 高山灌丛。

保护依据： 茎皮药用，采挖后难以恢复。

建议保护措施： 禁止采挖。

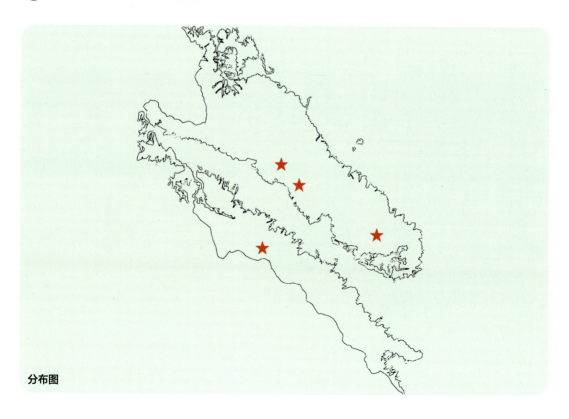

分布图

01：花期单株；02：枝叶；03：花；04：果期单株；05：成熟果实

珠子参

Panax japonicus (T. Nees) C. A. Mey. var. *major* (Burkill) C. Y. Wu & K. M. Feng

五加科 Araliaceae

⭐ **形态识别要点：** 多年生草本。根状茎竹鞭状或串珠状，或二者兼有。地上茎单生，高约40厘米。掌状复叶，4~5枚轮生于茎顶；叶柄长4~5厘米；小叶5~7，中央的小叶片阔椭圆形、椭圆形、椭圆状卵形至倒卵状椭圆形，最宽处常在中部，长为宽的2~4倍，先端渐尖或长渐尖，基部楔形、圆形或近心形，边缘有细锯齿、重锯齿或缺刻状锯齿；小叶明显具柄。伞形花序单个顶生；花黄绿色；萼杯状，边缘有5个三角形的齿；花瓣5，向后反折。果红色，顶部黑色，扁球形或近球形。

🌐 **本区分布：** 兴隆山。分布海拔2400~2600米。

🌡 **生境：** 林下。

⭐ **保护依据：** 国家二级重点保护野生植物（2021）。

✋ **建议保护措施：** 禁止采挖。

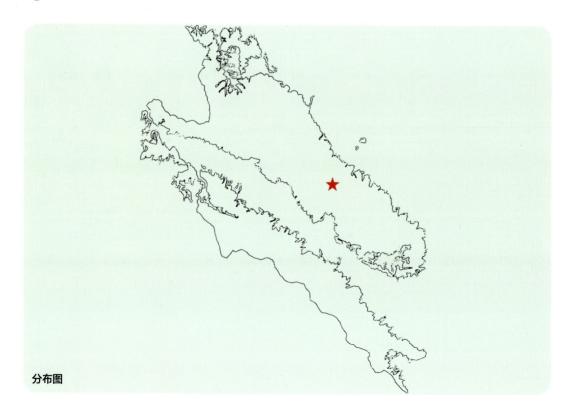

分布图

01: 全株；02: 根状茎；03: 叶；04: 花序；05: 成熟果序

疙瘩七

Panax japonicus (T. Nees) C. A. Mey. var. *bipinnatifidus* (Seemann) C. Y. Wu & K. M. Feng

五加科 Araliaceae

⭐ **形态识别要点：** 多年生草本。根状茎为长的串珠状或前端有短竹鞭状部分。地上茎单生，高约40厘米。掌状复叶，4~5枚轮生于茎顶；叶柄长4~5厘米；小叶5~7，中央的小叶片倒披针形、倒卵状椭圆形，稀倒卵形，最宽处在中部以上，先端常长渐尖，稀渐尖，基部狭尖，侧生的较小，边缘有重锯齿；小叶近无柄。伞形花序单个顶生；花黄绿色；萼杯状，边缘有5个三角形的齿；花瓣5，向后反折。果红色，顶部黑色，扁球形或近球形。

📍 **本区分布：** 大洼沟。分布海拔2150~2400米。

🌡 **生境：** 林下。

⭐ **保护依据：** 国家二级重点保护野生植物（2021）。

✋ **建议保护措施：** 禁止采挖。

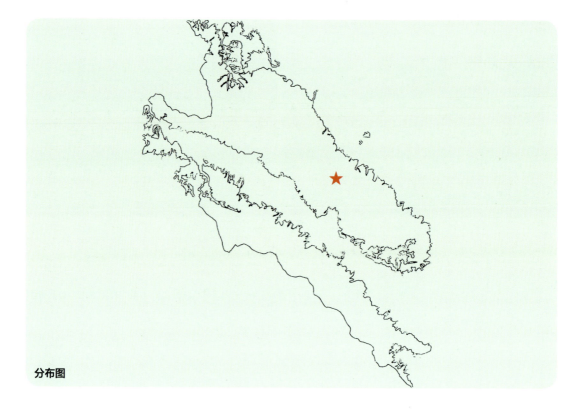

分布图

01：居群；02：果期单株；03：根状茎；04：叶；05：花序；06：成熟果序

红北极果
Arctous ruber (Rehd. et Wils.) Nakai

杜鹃花科 | Ericaceae

⭐ **形态识别要点：** 落叶矮小灌木，匍匐状，高6～12厘米。小枝淡褐色，枝皮片状剥落。单叶互生，簇生枝顶，纸质，倒卵状披针形或倒卵形，长2～3厘米，宽8～12毫米，基部渐狭，下延于叶柄，边缘具细钝锯齿，上面亮绿色，微具皱纹；叶柄长约1厘米。花常1～3朵成总状花序，出自叶丛中；苞片2～3枚，叶状；花冠卵状坛形，淡黄绿色，长4～5毫米，口部5浅裂。浆果球形，直径6～10毫米，熟时鲜红色。

📍 **本区分布：** 西番沟梁、八盘梁。分布海拔2900～3100米。

🌡 **生境：** 阴坡杜鹃灌丛下。

⭐ **保护依据：** 种群稀少，生境狭窄。

✋ **建议保护措施：** 封山禁牧。

分布图

01：居群；02：花期植株；03：幼果期植株；
04：幼果；05：成熟果期植株

麻花艽
Gentiana straminea Maxim.

龙胆科　Gentianaceae

⭐ **形态识别要点**：多年生草本，高10～35厘米。须根多数，扭结成一个粗大、圆锥形的根。枝多数丛生，斜升。莲座丛叶宽披针形或卵状椭圆形，长6～20厘米，宽0.8～4厘米，两端渐狭；叶柄宽，膜质，长2～4厘米；茎生叶小，线状披针形至线形，向上渐小。聚伞花序疏松，顶生及腋生；总花梗长达9厘米，小花梗长达4厘米；花萼筒长1.5～2.8厘米，一侧开裂呈佛焰苞状；花冠黄绿色，喉部具多数绿色斑点，漏斗形，长3～4.5厘米，裂片卵形，褶偏斜。蒴果内藏，椭圆状披针形，长2.5～3厘米。

◎ **本区分布**：八盘至窑沟梁、尖山、马衔山梁等多处。分布海拔2400～2800米。

🌡 **生境**：山坡草地。

⭐ **保护依据**：根茎药用，采挖后难以恢复。

✋ **建议保护措施**：封山禁牧、禁止采挖。

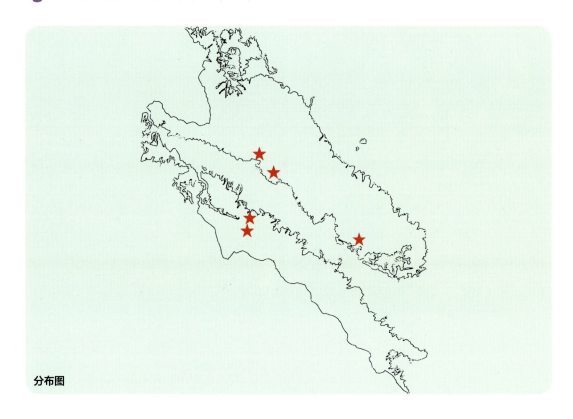

分布图

01：花期单株；02：叶；03：花序；04：花；
05：花；06：成熟果序

秦艽
Gentiana macrophylla Pall.

龙胆科 Gentianaceae

⭐ **形态识别要点：** 多年生草本，高30～50厘米。须根多条，扭结成一个圆柱形的根。茎丛生，直立或斜升。莲座丛叶狭椭圆形，长6～25厘米，宽2～6厘米；叶柄宽，长3～5厘米；茎生叶椭圆状披针形，长4～15厘米，宽至3厘米，无柄至叶柄长达4厘米。花多数，簇生枝顶呈头状或轮状腋生，无花梗；花萼筒长3～9毫米，一侧开裂呈佛焰苞状；花冠筒部黄绿色，冠檐蓝色或蓝紫色，壶形，长1.8～2厘米，裂片卵形，褶三角形或截形。蒴果内藏或先端外露，卵状椭圆形，长约16毫米。

📍 **本区分布：** 徐家峡、响水沟、红庄子。分布海拔2400～2800米。

🌡 **生境：** 山坡草地。

⭐ **保护依据：** 根茎药用，采挖后难以恢复。

✋ **建议保护措施：** 封山禁牧、禁止采挖。

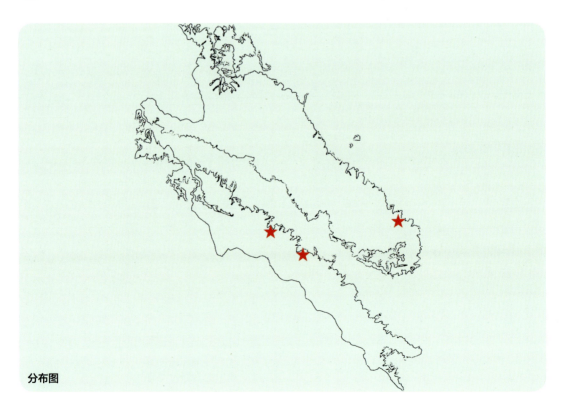

分布图

01：居群；02：花期单株；03：根；04：叶；05：花序

密生波罗花
Incarvillea compacta Maxim.

紫葳科 Bignoniaceae

形态识别要点： 多年生草本，果期高达30厘米。根肉质，圆锥状，长15～23厘米。羽状复叶聚生于茎基部，长8～15厘米；小叶2～6对，卵形，长2～3.5厘米，宽1～2厘米。总状花序密集，聚生于茎顶端；苞片长1.8～3厘米；花梗长1～4厘米，线形；花萼钟状，绿色或紫红色，具深紫色斑点，长12～18毫米，萼齿三角形；花冠红色或紫红色，长3.5～4厘米，直径约2厘米，花冠筒外面紫色，具黑色斑点，内面具少数紫色条纹，裂片圆形。蒴果长披针形，两端尖，木质，具明显的4棱，长约11厘米。

本区分布： 尖山。分布海拔2200～2400米。

生境： 干旱山坡。

保护依据： 种群稀少，生境狭窄。

建议保护措施： 封山禁牧。

分布图

01：花期单株；02：根；03：叶；04：花序；05：花；06：雌雄蕊；07：幼果

五福花
Adoxa moschatellina Linn.

五福花科 Adoxaceae

形态识别要点： 多年生矮小草本，高8～15厘米。茎单一，纤细，有长匍匐枝。基生叶1～3，为一至二回三出复叶；小叶片宽卵形或圆形，长1～2厘米，3裂；小叶柄长0.6～1.2厘米，叶柄长4～9厘米；茎生叶2枚，对生，3深裂，裂片再3裂，叶柄长1厘米左右。5～7朵花组成顶生聚伞性头状花序；花黄绿色，直径4～6毫米，花冠裂片4～5。核果。

本区分布： 官滩沟东沟、兴隆山。分布海拔2400～2600米。

生境： 山坡阴湿处。

保护依据： 单种属，生境狭窄。

建议保护措施： 封山禁牧。

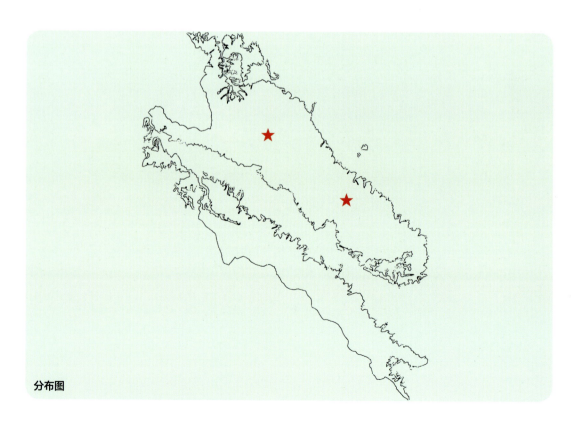

分布图

01：居群；02：花期植株；03：花期单株；04：花序

五福花

桃儿七
Sinopodophyllum hexandrum (Royle) T. S. Ying

小檗科　Berberidaceae

> ★ **形态识别要点：** 多年生草本，高20～50厘米。茎直立，单生。叶2枚，薄纸质，基部心形，3～5深裂几达中部，裂片不裂或有时2～3小裂，叶背面被柔毛，边缘具粗锯齿；叶柄长10～25厘米。花单生，大，先叶开放，两性，粉红色；萼片6，早萎；花瓣6，倒卵形或倒卵状长圆形，长2.5～3.5厘米，宽1.5～1.8厘米。浆果卵圆形，长4～7厘米，直径2.5～4厘米，熟时橘红色。

> ◉ **本区分布：** 本区广布。分布海拔2300～3100米。

> 🌡 **生境：** 山地草坡、林下、灌丛。

> ★ **保护依据：** 国家二级重点保护野生植物（2021）；CITES附录Ⅱ。

> ✋ **建议保护措施：** 封山禁牧、禁止采挖。

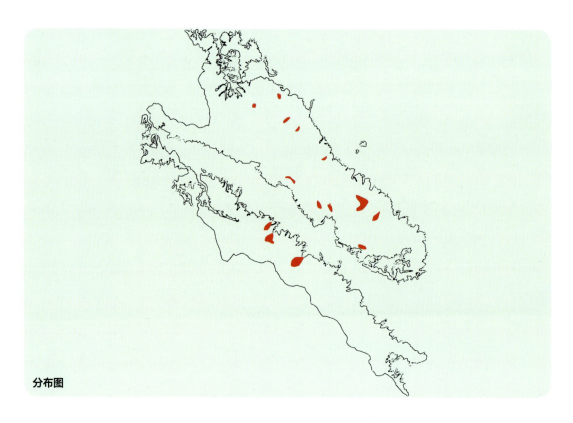

分布图

01：居群；02：花期单株；03：叶；04：花；
05：果期单株；06：幼果；07：成熟果实

桃儿七

黄缨菊
Xanthopappus subacaulis C.Winkl.

菊科　Asteraceae

形态识别要点： 多年生无茎草本。茎基极短。叶莲座状，坚硬，革质，长椭圆形或线状长椭圆形，长20～30厘米，宽5～8厘米，羽状深裂，叶柄长达10厘米，基部扩大成鞘，侧裂片8～11对，边缘具针刺，叶下面灰白色，被密厚的蛛丝状绒毛。头状花序多数，达20个，密集成团球状；总苞宽钟状，宽达6厘米；小花黄色，花冠长3.5厘米。瘦果偏斜倒长卵形，长约7毫米。

本区分布： 白石头沟、响水沟。分布海拔2400～2500米。

生境： 干旱沙壤山坡草地。

保护依据： 中国特有单种属。

建议保护措施： 封山禁牧。

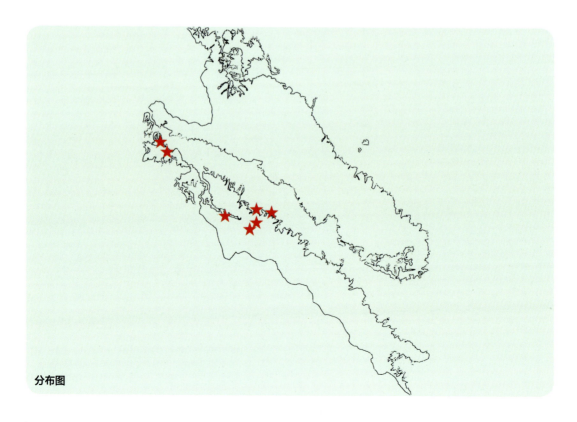

分布图

01：花期单株；02：花序；03：花序；04：花序

款冬
Tussilago farfara Linn.

菊科 Asteraceae

⭐ **形态识别要点**：多年生草本。早春花叶抽出数个花葶，高5~10厘米，密被白色茸毛，有鳞片状、互生的苞叶，苞叶淡紫色。后生出阔心形的基生叶，长3~12厘米，宽4~14，边缘有波状、顶端增厚的疏齿，叶下面密被白色茸毛；叶柄长5~15厘米，被白色棉毛。头状花序单生顶端，直径2.5~3厘米，初时直立，花后下垂；总苞钟状，结果时长15~18毫米；花冠黄色。瘦果圆柱形，长3~4毫米。

◎ **本区分布**：陈沟峡。分布海拔2200~2400米。

🌡 **生境**：水沟边。

⭐ **保护依据**：药用植物，采挖后难以恢复。

✋ **建议保护措施**：封山禁牧、禁止采挖。

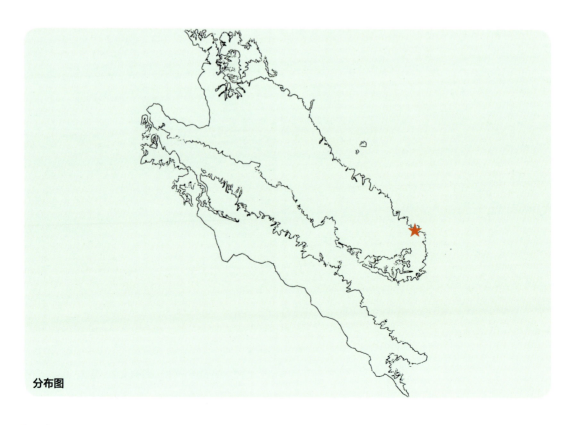

分布图

01：花期居群；02：叶；03：花序；04：花序；05：果序

一把伞南星
Arisaema erubescens (Wall.) Schott.

天南星科 Araceae

⭐ **形态识别要点：** 多年生草本。块茎扁球形，直径可达6厘米。叶1，极稀2，叶柄长40～80厘米，中部以下具鞘；叶片放射状分裂，裂片无定数，少则3～4枚，多至20枚，裂片披针形、长圆形至椭圆形，无柄，长6～24厘米，宽6～35毫米，长渐尖，具线形长尾或无。花序柄比叶柄短；佛焰苞管部圆筒形，长4～8毫米，粗9～20毫米，檐部长4～7厘米，有长5～15厘米的线形尾尖或无；肉穗花序单性，雄花序长2～2.5厘米，花密；雌花序长约2厘米，粗6～7毫米。果序柄下弯或直立，浆果红色。

🌡 **本区分布：** 官滩沟、徐家峡、黄崖沟、阳道沟。分布海拔2200～2700米。

🌡 **生境：** 山坡或沟谷林下草地。

⭐ **保护依据：** 根茎药用，采挖后难以恢复。

✋ **建议保护措施：** 封山禁牧、禁止采挖。

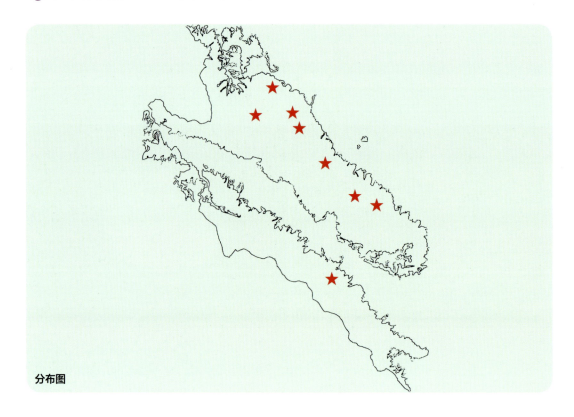

分布图

01：花期单株；
02：叶；
03：花序；
04：幼果序；
05：成熟果序

七叶一枝花

Paris polyphylla Smith

百合科 Liliaceae

⭐ **形态识别要点**：多年生草本，高35～100厘米。根状茎粗厚，直径达1～2.5厘米。叶5～10枚轮生，矩圆形、椭圆形或倒卵状披针形，长7～15厘米，宽2.5～5厘米；叶柄明显，长2～6厘米。花梗长5～30厘米；外轮花被片绿色，3～6枚，狭卵状披针形，长3～7厘米；内轮花被片狭条形，通常比外轮长；雄蕊8～12枚，花药与花丝近等长或稍长，药隔突出部分长0.5～2毫米；子房近球形，具棱。蒴果紫色，直径1.5～2.5厘米，3～6瓣裂开。

◎ **本区分布**：麻家寺大沟。分布海拔2300～2400米。

🌡 **生境**：林下。

⭐ **保护依据**：国家二级重点保护野生植物（2021）。

✋ **建议保护措施**：禁止采挖。

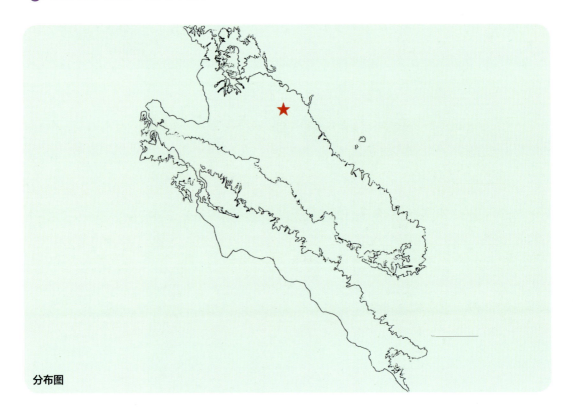

分布图

01：花期单株；02：根及根状茎；03：花；
04：雌雄蕊；05：成熟种子

榆中贝母
Fritillaria yuzhongensis G. D. Yu. et Y. S. Zhou

百合科 Liliaceae

⭐ **形态识别要点：** 多年生草本，高20～50厘米。鳞茎卵球形，直径7～13毫米，鳞片2～3片。叶6～9枚，基部2枚对生，其余的互生或有时近对生；叶片线形至狭披针形，长3～8厘米，宽2～6毫米，先端丝状并强烈卷曲。花序具1，极罕2朵花；苞片叶状，2～3枚，比叶小；花钟状，俯垂，较小，长2.2～2.7厘米，黄绿色，稍具紫色方格斑；花梗7～10毫米；内花被较狭，宽10～12毫米；柱头裂片较短，长2～2.3毫米。

◎ **本区分布：** 八盘梁、西番沟梁、哈班岔、黄崖沟。分布海拔2800～3400米。

🌡 **生境：** 高山灌丛。

⭐ **保护依据：** 国家二级重点保护野生植物（2021）。

✋ **建议保护措施：** 封山禁牧、禁止采挖。

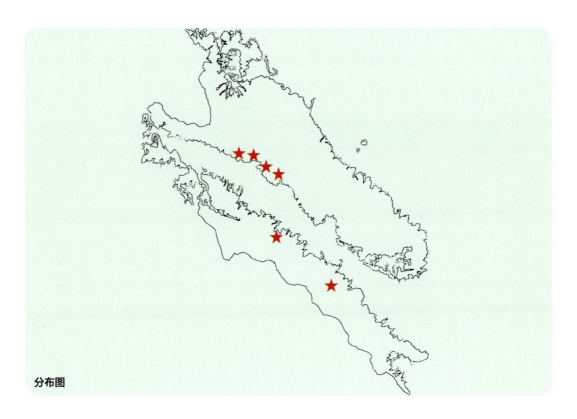

分布图

01：单株；02：鳞茎；03：花序；04：果序；05：果实

榆中贝母

穿龙薯蓣
Dioscorea nipponica Makino

薯蓣科 Dioscoreaceae

⭐ **形态识别要点**：缠绕草质藤本。根状茎横生，圆柱形，多分枝，栓皮层显著剥离。单叶互生，叶柄长10～20厘米；叶片掌状心形，变化较大，茎基部叶长10～15厘米，宽9～13厘米，边缘不等大的三角状浅裂、中裂或深裂，顶端叶片小，近于全缘。雌雄异株；雄花序为腋生的穗状花序，花被6裂，雄蕊6枚；雌花序穗状，单生，雌蕊柱头3裂，裂片再2裂。蒴果成熟后枯黄色，三棱形，每棱翅状，大小不一，一般长约2厘米，宽约1.5厘米。

◎ **本区分布**：麻家寺沟、兴隆峡。分布海拔2400米。

🌡 **生境**：山坡灌木林。

⭐ **保护依据**：根茎药用，采挖后难以恢复。

✋ **建议保护措施**：禁止采挖。

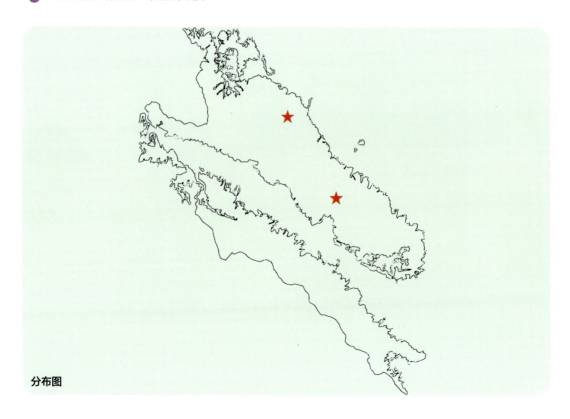

分布图

01：整株；02：根状茎；03：叶正面；04：叶背面；
05：花序；06：果序

射干
Belamcanda chinensis (Linn.) Redouté

鸢尾科 Iridaceae

⭐ **形态识别要点：** 多年生草本，高1~1.5米。根状茎为不规则的块状；须根多数。叶互生，嵌叠状排列，剑形，长20~60厘米，宽2~4厘米，基部鞘状抱茎，顶端渐尖。花序顶生，叉状分枝，每分枝的顶端聚生有数朵花；花梗长约1.5厘米；花梗及花序的分枝处均包有膜质的苞片；花橙红色，散生紫褐色的斑点，直径4~5厘米；花被裂片6，2轮排列。蒴果倒卵形或长椭圆形，长2.5~3厘米，直径1.5~2.5厘米。

🎯 **本区分布：** 景家沟、谢家岔、大湾。分布海拔2200~2600米。

🌡 **生境：** 山坡草地、林缘。

⭐ **保护依据：** 根茎药用，采挖后难以恢复。

✋ **建议保护措施：** 禁止采挖。

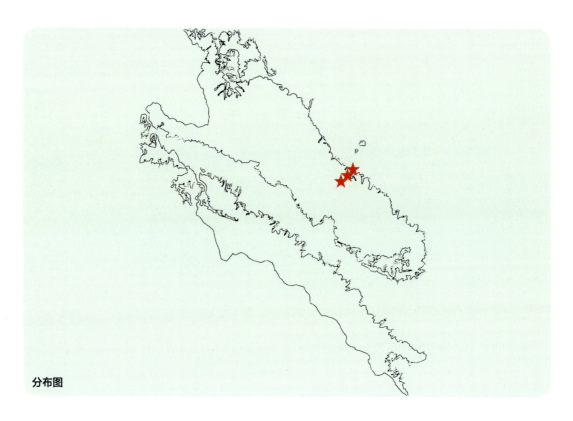

分布图

01:花期居群;02:营养期单株;
03:叶;04:花;05:果序

射干 | 065

毛杓兰

Cypripedium franchetii E. H. Wilson

兰科　Orchidaceae

⭐ **形态识别要点：** 地生草本，高20～35厘米。茎密被长柔毛，基部具数枚鞘，鞘上方有3～5枚叶。叶片椭圆形或卵状椭圆形，长10～16厘米，宽4～6.5厘米。花序顶生，具1花；花苞片叶状，椭圆形或椭圆状披针形，长6～12厘米，宽2～3.5厘米；花梗和子房长4～4.5厘米，密被长柔毛；花淡紫红色至粉红色，有深色脉纹；中萼片椭圆状卵形或卵形，长4～5.5厘米，宽2.5～3厘米；合萼片椭圆状披针形，长3.5～4厘米，宽1.5～2.5厘米，先端2浅裂；花瓣披针形，长5～6厘米，宽1～1.5厘米；唇瓣深囊状，椭圆形或近球形，长4～5.5厘米，宽3～4厘米。

📍 **本区分布：** 马衔山。分布海拔2500～3000米。

🌡 **生境：** 林缘灌丛下。

⭐ **保护依据：** 国家二级重点保护野生植物（2021）；CITES附录Ⅱ；易危（IUCN）；中国特有植物。

✋ **建议保护措施：** 禁止采挖。

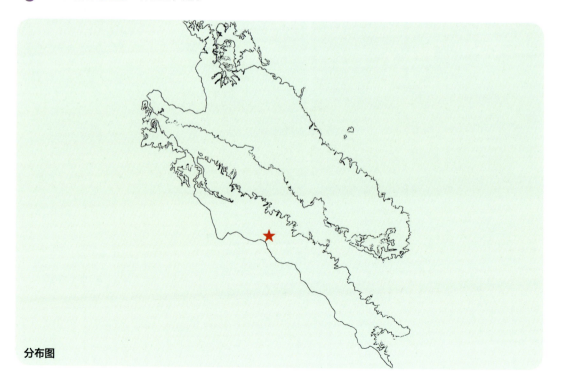

分布图

01：花期居群；02：叶；03：花；04：幼果

绿花杓兰
Cypripedium henryi Rolfe

兰科 Orchidaceae

⭐ **形态识别要点：** 地生草本，高30～60厘米。根状茎粗短。茎基部具数枚鞘，鞘上方具4～5枚叶。叶椭圆状至卵状披针形，长10～18厘米，宽6～8厘米。花序顶生，通常具2～3花；花苞片叶状，长4～10厘米，宽1～3厘米；花梗和子房长2.5～4厘米；花绿色至绿黄色；中萼片卵状披针形，长3.5～4.5厘米，宽1～1.5厘米；合萼片与中萼片相似，先端2浅裂；花瓣线状披针形，长4～5厘米，宽5～7毫米；唇瓣深囊状，椭圆形，长2厘米，宽1.5厘米，囊底有毛。蒴果近椭圆形或狭椭圆形，长达3.5厘米，宽约1.2厘米。

📍 **本区分布：** 兴隆山。分布海拔2400～2800米。

🌡 **生境：** 林下。

⭐ **保护依据：** 国家二级重点保护野生植物（2021）；CITES附录Ⅱ；近危（IUCN）；中国特有植物。

✋ **建议保护措施：** 禁止采挖。

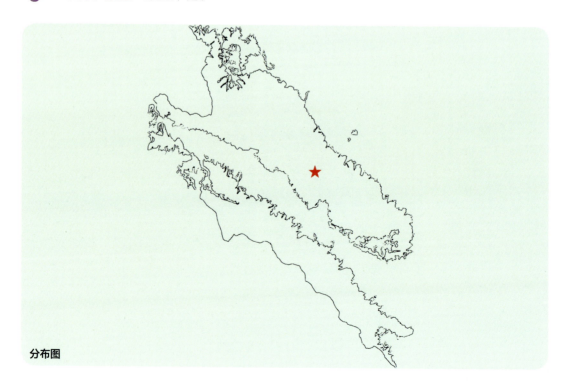

分布图

01：花期居群；02：花期单株；03：根状茎；
04：叶；05：花序；06：花

小斑叶兰
Goodyera repens (Linn.) R. Brown

兰科　Orchidaceae

★ **形态识别要点：** 地生草本，高10～20厘米。根状茎伸长，匍匐，具节。茎具4～6枚叶。叶卵形或卵状椭圆形，长1～2厘米，宽5～15毫米，上面深绿色具黄绿色斑纹；叶柄长5～10毫米，基部扩大成抱茎的鞘。总状花序具几朵至10余朵密生的花，长4～15厘米；花苞片披针形，长5毫米；花小，白色或带绿色或带粉红色，半张开；中萼片卵形，与花瓣黏合呈兜状，侧萼片斜卵形；花瓣斜匙形，长3～4毫米，宽1～1.5毫米；唇瓣卵形，长3～3.5毫米，基部凹陷呈囊状，宽2～2.5毫米，前部短舌状，略外弯。

◎ **本区分布：** 大洼沟、阳道沟。分布海拔2300～2400米。

🌡 **生境：** 沟谷林下。

★ **保护依据：** CITES附录Ⅱ。

✋ **建议保护措施：** 封山禁牧。

分布图

01：花期居群；02：叶；03：花期单株；04：花序；05：花

绶草
Spiranthes sinensis (Pers.) Ames

兰科　Orchidaceae

⭐ **形态识别要点：** 地生草本，高10～30厘米。根数条，指状，肉质，簇生于茎基部。茎近基部生2～5枚叶。叶椭圆形或狭长圆形，长3～10厘米，宽5～10毫米，基部收狭具柄状抱茎的鞘。总状花序顶生，具多数密生的小花，似穗状，呈螺旋状扭转，长4～10厘米；花苞片卵状披针形；花小，紫红色、粉红色或白色；中萼片舟状，与花瓣靠合呈兜状，侧萼片偏斜，披针形；花瓣斜菱状长圆形；唇瓣宽长圆形，凹陷，边缘具皱波状啮齿。

🌐 **本区分布：** 阳洼、红庄子、白堡、马莲滩、小泥窝子。分布海拔2100～2800米。

🌡 **生境：** 沼泽湿地、草地。

⭐ **保护依据：** CITES附录Ⅱ。

✋ **建议保护措施：** 封山禁牧、禁止采挖。

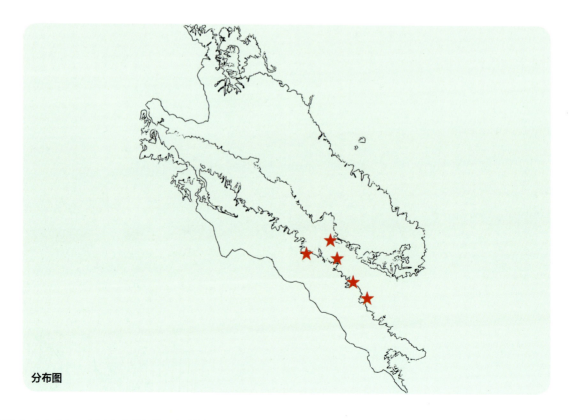

分布图

01：花期单株；02：根状茎；03：叶；04：花序；05：成熟果序

河北盔花兰

Galearis tschiliensis (Schltr.) S. C. Chen, P. J. Cribb & S. W. Gale

兰科　Orchidaceae

形态识别要点： 地生草本，高6～15厘米。具指状、肉质的根状茎。叶1枚，基生，长圆状匙形或匙形，长3～5厘米，宽1.2～2.6厘米，基部收狭，具与叶片近等长的柄，抱茎。花序具1～6朵花，稍疏生，长1～5厘米，多偏向一侧；花苞片披针形；子房圆柱状纺锤形，扭转，连花梗长10～13毫米；花紫红色、淡紫色或白色；中萼片直立，凹陷呈舟状，与花瓣靠合呈兜状；侧萼片直立伸展；花瓣直立，偏斜，长圆状披针形，长4～7毫米；唇瓣向前伸展，卵状披针形或卵状长圆形，与花瓣近等长，无距。

本区分布： 兴隆山。分布海拔3000～3100米。

生境： 山坡林下、草地。

保护依据： CITES附录Ⅱ；近危（IUCN）；中国特有植物。

建议保护措施： 封山禁牧。

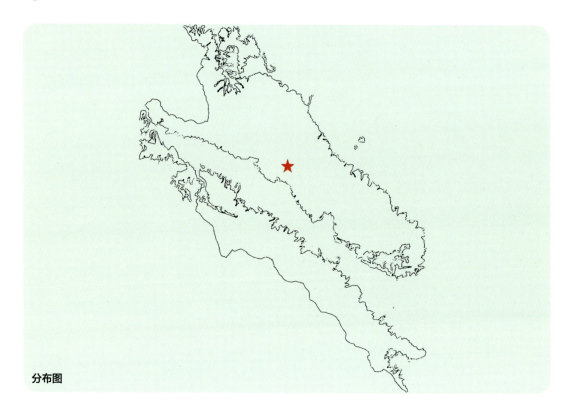

分布图

01：花期单株；02：根状茎；03：叶；04：花序；05：幼果序

河北盔花兰

北方盔花兰

Galearis roborowskyi (Maxim.) S. C. Chen, P. J. Cribb & S. W. Gale

兰科 Orchidaceae

形态识别要点：地生草本，高5～15厘米。肉质根状茎伸长、平展；茎基部具2～3枚筒状鞘，鞘之上具叶。叶1枚，罕2枚，卵圆形或狭长圆形，长3～9厘米，宽1～3厘米，基部收狭成抱茎的柄。花序具1～5朵花，常偏向一侧；花苞片卵状披针；花紫红色；中萼片直立，凹陷呈舟状，与花瓣靠合呈兜状，侧萼片卵状长圆形；花瓣直立，较萼片稍短小，卵形；唇瓣向前伸出，平展，宽卵形，长7毫米，宽8～9毫米，基部具距，前部3裂；距圆筒状，下垂，稍向前弯曲。

本区分布：八盘梁、西番沟梁。分布海拔3100～3400米。

生境：高山灌丛。

保护依据：CITES附录Ⅱ。

建议保护措施：封山禁牧。

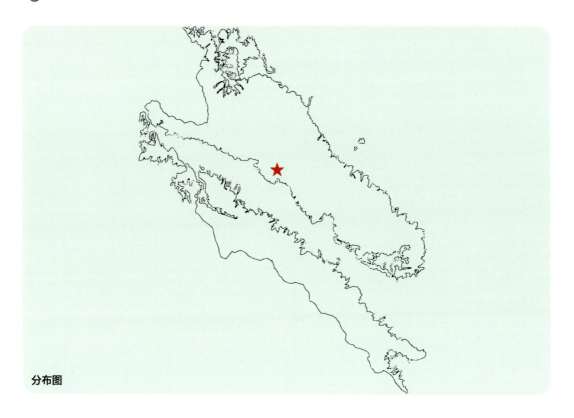

分布图

01：花期单株；02：叶；03：花；04：花；05：花

北方盔花兰

广布小红门兰
Ponerorchis chusua (D. Don) Soó

兰科　Orchidaceae

形态识别要点：地生草本，高5~45厘米。肉质块茎长圆形或圆球形，直径约1厘米。茎基部具1~3枚筒状鞘，鞘之上具1~5枚叶，多为2~3枚。叶长圆状披针形，长3~15厘米，宽1~3厘米，基部收狭成抱茎的鞘。花序具1~20余朵花，多偏向一侧；花苞片披针形；花紫红色或粉红色；中萼片长圆形，直立，凹陷呈舟状，与花瓣靠合呈兜状，侧萼片向后反折，卵状披针形；花瓣直立，斜狭卵形，长5~7毫米，宽3~4毫米；唇瓣向前伸展，3裂；距圆筒状或圆筒状锥形，常向后斜展或近平展。

本区分布：西番沟梁。分布海拔3100~3300米。

生境：高山灌丛。

保护依据：CITES附录Ⅱ。

建议保护措施：封山禁牧。

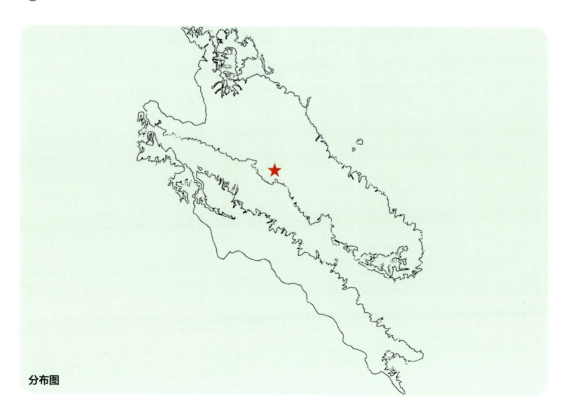

分布图

01：花期居群；02：花期单株；03：根状茎；04：叶；05：花序；06：花

二叶舌唇兰
Platanthera chlorantha (Custer) Rchb. f.

兰科 Orchidaceae

形态识别要点：地生草本，高30～50厘米。肉质块茎卵状纺锤形，长3～4厘米。茎近基部具2枚彼此紧靠、近对生的叶。叶椭圆形或倒披针状椭圆形，长10～20厘米，宽4～8厘米，基部收狭成抱茎的鞘状柄。总状花序具12～32朵花，长13～23厘米；花苞片披针形；子房圆柱状，连花梗长1.6～1.8厘米；花较大，绿白色或白色；中萼片直立，舟状，长6～7毫米，宽5～6毫米；侧萼片张开，斜卵形，长7.5～8毫米，宽4～4.5毫米；花瓣直立，偏斜，狭披针形，长5～6毫米，与中萼片相靠合呈兜状；唇瓣向前伸，舌状，肉质，长8～13毫米，宽约2毫米；距棒状圆筒形，长25～36毫米，水平或斜向下伸展，稍微钩曲或弯曲，向末端明显增粗。

本区分布：兴隆山峡口、大洼沟、蒲家坟、徐家峡、唐家峡。分布海拔2300～2800米。

生境：山坡林下。

保护依据：CITES附录Ⅱ。

建议保护措施：封山禁牧、禁止采挖。

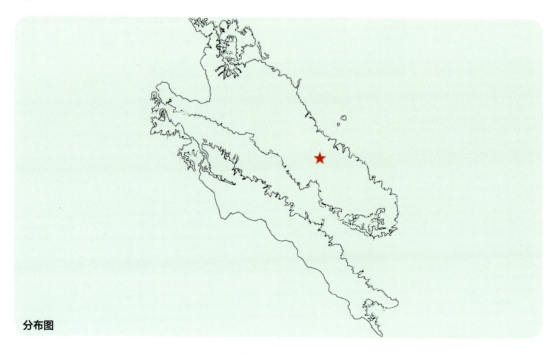

分布图

01：花期单株；02：根状茎；03：叶；04：花序；05：花

蜻蜓舌唇兰
Platanthera souliei Kraenzl.

兰科　Orchidaceae

形态识别要点： 地生草本，高20~60厘米。肉质根状茎指状，细长。茎部具1~2枚筒状鞘，鞘之上具叶。叶片倒卵形或椭圆形，长6~15厘米，宽3~7厘米，基部收狭成抱茎的鞘。总状花序狭长，具多数密生的花；花苞片狭披针形；子房圆柱状纺锤形，扭转，连花梗长约1厘米；花小，黄绿色；中萼片直立，凹陷呈舟状，长4毫米，宽3毫米；侧萼片斜椭圆形，较中萼片稍长而狭，两侧边缘多少向后反折；花瓣直立，斜椭圆状披针形，与中萼片相靠合，宽不及2毫米；唇瓣向前伸展，舌状披针形，肉质，长4~5毫米，基部两侧各具1枚小的侧裂片；距细圆筒状，下垂，稍弧曲，向末端略微增粗。

本区分布： 新庄沟、蒲家坟、徐家峡、唐家峡。分布海拔2400~2600米。

生境： 山坡沟谷。

保护依据： CITES附录Ⅱ；濒危等级：近危（IUCN）。

建议保护措施： 封山禁牧、禁止采挖。

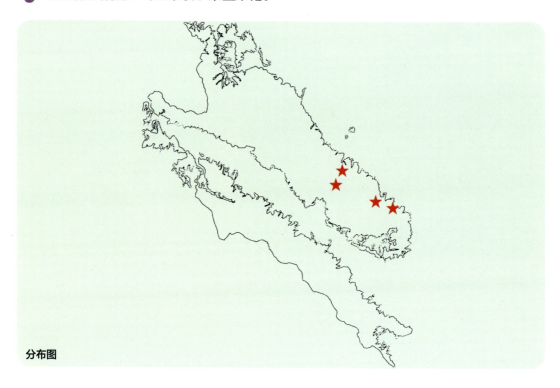

分布图

01: 花期居群；02: 根状茎；03: 叶；04: 花序；05: 花

蜻蜓舌唇兰 | 083

对耳舌唇兰
Platanthera finetiana Schltr.

兰科 Orchidaceae

⭐ **形态识别要点：** 地生草本，高30~60厘米。根状茎肉质，指状。叶3~4枚，疏生，上部的叶变小成苞片状，下部的叶片长圆形、椭圆形或椭圆状披针形，长10~16厘米，宽2.3~5厘米，基部成抱茎的鞘。总状花序长10~18厘米，粗约2厘米，具8~26朵花，稍密集；花苞片披针形，下部的长于花，上部的与子房等长；子房圆柱形，扭转，连花梗长1.2~1.3厘米；花较大，淡黄绿色或白绿色；中萼片直立，卵状椭圆形，舟状，长4.5~5.5毫米，宽3~3.5毫米；侧萼片反折，斜宽卵形，长4.5~5.5毫米；花瓣直立，斜舌状，长4~5毫米，宽1.5毫米，与中萼片靠合呈兜状；唇瓣向前伸展，线形，长9~11毫米，边缘反折，基部两侧具1对四方形的耳和上面具1枚凸出的胼胝体；距下垂，细圆筒形，末端稍钩状弯曲，较子房长。

◉ **本区分布：** 分豁岔中沟、兴隆山峡口、阳道沟。分布海拔2500~2600米。

🌡 **生境：** 山坡林下。

⭐ **保护依据：** CITES附录Ⅱ；近危（IUCN）；中国特有植物。

✋ **建议保护措施：** 封山禁牧、禁止采挖。

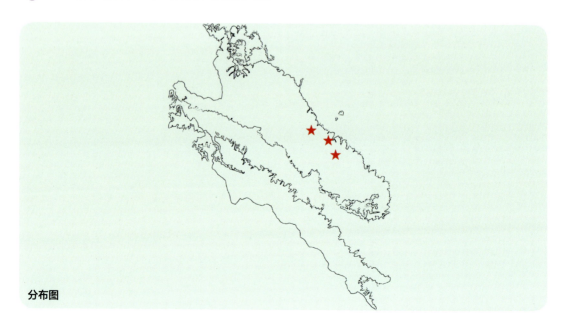

分布图

01：果期居群；02：果期单株；03：根状茎；04：叶；
05：花序；06：花；07：幼果序；08：成熟果序

对耳舌唇兰

凹舌掌裂兰
Dactylorhiza viridis (Linn.) R. M. Bateman

兰科　Orchidaceae

⭐ **形态识别要点：** 地生草本，高14～25厘米。块茎肉质，前部呈掌状分裂。茎基部具2～3枚筒状鞘，鞘之上具叶。叶3～5枚，狭倒卵状长圆形至椭圆状披针形，长5～12厘米，宽1.5～5厘米，基部收狭成抱茎的鞘。总状花序具多数花，长3～15厘米；花苞片线形或狭披针形；花绿黄色或绿棕色；中萼片直立，凹陷呈舟状，侧萼片偏斜，卵状椭圆形；花瓣直立，线状披针形，较中萼片稍短，与中萼片靠合呈兜状；唇瓣下垂，肉质，倒披针形，较萼片长，基部具囊状距，前部3裂，侧裂片较中裂片长；距卵球形，长2～4毫米。

📍 **本区分布：** 八盘梁、西番沟梁。分布海拔3000～3200米。

🌡 **生境：** 亚高山阴坡灌丛。

⭐ **保护依据：** CITES附录Ⅱ。

✋ **建议保护措施：** 封山禁牧、禁止采挖。

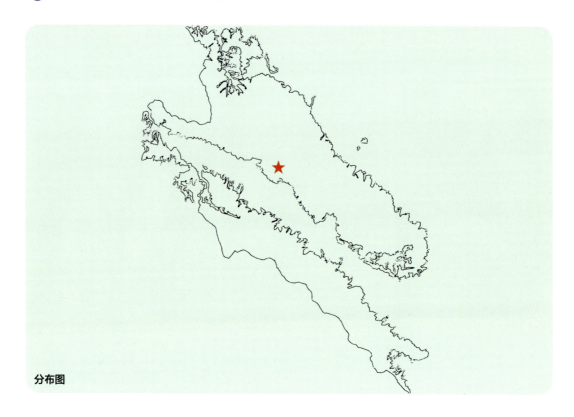

分布图

01：花期单株；02：根状茎；03：叶；04：花序；05：花

角盘兰
Herminium monorchis (Linn.) R. Brown

兰科 Orchidaceae

⭐ **形态识别要点：** 地生草本，高6~35厘米。块茎球形，直径6~10毫米，肉质。茎基部具2枚筒状鞘，鞘之上具叶。叶片狭椭圆状披针形或狭椭圆形，长3~10厘米，宽8~25毫米，基部渐狭并略抱茎。总状花序具多数花，长达15厘米；花苞片线状披针形；花小，黄绿色，垂头，萼片近等长；中萼片椭圆形或长圆状披针形，侧萼片长圆状披针形；花瓣近菱形，较萼片稍长，在中部多少3裂；唇瓣与花瓣等长，基部凹陷呈浅囊状，近中部3裂，中裂片线形，侧裂片三角形，较中裂片短很多。

◉ **本区分布：** 西番沟、阳洼、红庄子、白堡、马莲滩、小泥窝子。分布海拔2600~2800米。

🌡 **生境：** 沼泽湿地。

⭐ **保护依据：** CITES附录Ⅱ；近危（IUCN）。

✋ **建议保护措施：** 封山禁牧、禁止采挖。

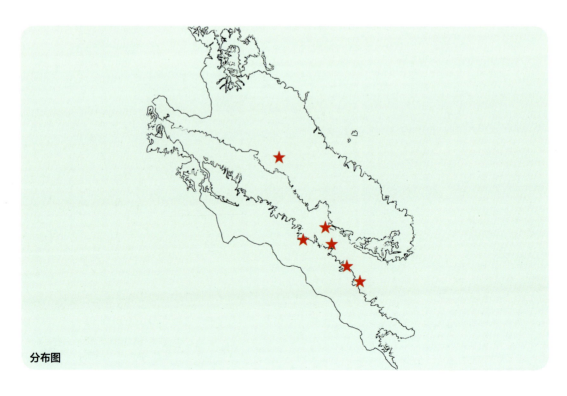

分布图

01：花期居群；02：根状茎；03：叶；04：花期单株；05：花序

裂瓣角盘兰
Herminium alaschanicum Maxim.

兰科　Orchidaceae

⭐ **形态识别要点：** 地生草本，高15～35厘米。块茎圆球形，直径约1厘米，肉质。茎基部具2～3枚筒状鞘，鞘之上具叶。叶片狭椭圆状披针形，长4～15厘米，宽5～18毫米，基部渐狭并抱茎。总状花序具多数花，长4～27厘米；花苞片披针形；花小，绿色，垂头钩曲；中萼片卵形，长4毫米，侧萼片卵状披针形至披针形，长4毫米，花瓣直立，长约6毫米，中部骤狭呈尾状且肉质增厚，3裂；唇瓣近长圆形，基部凹陷具距，近中部3裂；距长圆状，长1.5毫米，向前弯曲。

📍 **本区分布：** 马滩、小泥窝子清水沟、白堡、上庄骆驼岘、阳䑓村。分布海拔2200～2800米。

🌡 **生境：** 干旱山坡。

⭐ **保护依据：** CITES附录Ⅱ；近危（IUCN）。

✋ **建议保护措施：** 封山禁牧。

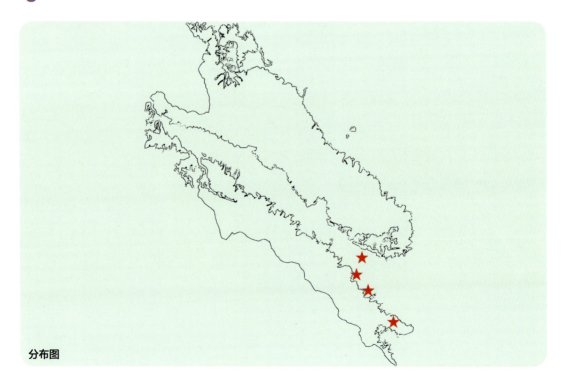

分布图

01：花期单株；02：根状茎；03：叶；04：花序；05：幼果序；06：成熟果序

二叶兜被兰

Neottianthe cucullata (Linn.) Schltr.

兰科　Orchidaceae

形态识别要点： 地生草本，高4~24厘米。块茎圆球形或卵形，长1~2厘米。茎基部具1~2枚圆筒状鞘，其上具2枚近对生的叶。叶片卵形、卵状披针形或椭圆形，长4~6厘米，宽1.5~3.5厘米，基部骤狭成抱茎的短鞘，叶上面有时具紫红色斑点。总状花序具几朵至10余朵花，常偏向一侧；花苞片披针形；子房圆柱状纺锤形，长5~6毫米，扭转；花紫红色或粉红色；萼片彼此紧密靠合成兜，兜长5~7毫米，宽3~4毫米；花瓣披针状线形，长约5毫米，与萼片贴生；唇瓣向前伸展，长7~9毫米，中部3裂；距细圆筒状圆锥形，长4~5毫米，中部向前弯曲。

本区分布： 阳道沟。分布海拔2300~2600米。

生境： 山坡林下、草地。

保护依据： CITES附录Ⅱ。

建议保护措施： 封山禁牧。

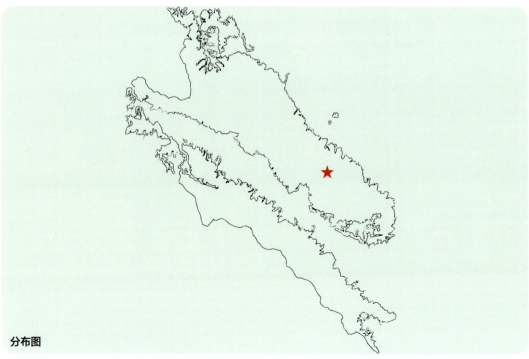

分布图

01：花期居群；02：根状茎；03：叶；04：花序；05：花

冷兰

Frigidorchis humidicola (K. Y. Lang & D. S. Deng) Z. J. Liu & S. C. Chen

兰科　Orchidaceae

形态识别要点： 地生草本，高4～4.5厘米。块茎圆球形，直径8～10毫米。茎长8～15毫米，基部具2枚筒状鞘，顶生2～4枚叶。叶平展，卵状椭圆形或卵状披针形，长2.5～3厘米，宽1.2～2厘米。花葶极短，总状花序常具4～5朵花；无苞片；子房圆柱形，扭转，长6毫米，花后长达1厘米；花小，绿黄色；中萼片卵圆形，舟状，直立，长4毫米，宽3毫米；侧萼片张开，斜椭圆状披针形，长4毫米，宽2毫米；花瓣直立，倒卵状圆形，长3毫米，宽2毫米；唇瓣向前伸展，长3.5毫米，基部具距，近基部3裂，侧裂片很小；距长圆形，长2毫米。

本区分布： 马衔山。分布海拔3300～3600米。

生境： 较湿润冻涨草丘。

保护依据： CITES附录Ⅱ；中国特有植物。

建议保护措施： 封山禁牧、清除鼠害。

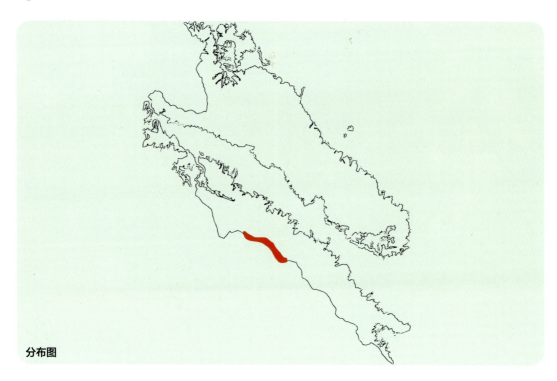

分布图

01：生境；02：花期居群；03：全株；04：花期单株；
05：花；06：果期单株

剑唇兜蕊兰

Androcorys pugioniformis (Lindl. ex J.D.Hook.) K. Y. Lang

兰科　Orchidaceae

⭐ **形态识别要点**：地生草本，高5.5～18厘米。块茎圆球形，肉质，直径6～10毫米。茎基部具1～2枚筒状鞘，近基部具1枚叶。叶片长圆状倒披针形至椭圆形，长2～4厘米，宽4～12毫米，基部渐狭并抱茎。总状花序具3～10余朵花，长0.8～2.5厘米；花苞片小；子房纺锤形，扭转，连花梗长4～5毫米；花小，绿色；中萼片卵形，直立，凹陷，长1.5毫米，与花瓣靠合成兜状；侧萼片反折，斜卵状椭圆形至镰状长圆形，长1.7～2.2毫米；花瓣直立，斜卵形至长圆状卵形，凹陷呈舟状，长1.3～1.5毫米；唇瓣反折，线状长圆形，基部明显扩大，呈剑状或匕首状，长1.7～2.5毫米，无距。

🧭 **本区分布**：马衔山。分布海拔3400～3600米。

🌡 **生境**：高山草甸。

⭐ **保护依据**：CITES附录Ⅱ。

✋ **建议保护措施**：封山禁牧、禁止采挖、清除鼠害。

分布图

01：生境；02：花期居群；03：花期单株；04：花序；05：花

孔唇兰
Porolabium biporosum (Maxim.) Tang & F. T. Wang

兰科　Orchidaceae

⭐ **形态识别要点：** 地生草本，高10～12厘米。块茎圆球形，肉质，直径约1厘米。茎基部具2枚筒状鞘，其上具1枚叶。叶片线状披针形，长约7厘米，宽约8毫米，基部成抱茎的鞘。总状花序顶生，具几朵疏生的花；花苞片小；子房纺锤形，扭转，连花梗长5～6毫米；花小，黄绿色或淡绿色；中萼片直立，卵形，凹陷呈舟状，长2.5毫米，与花瓣靠合呈兜状；侧萼片反折或张开，斜狭卵形，长3毫米；花瓣直立，斜卵形，长2毫米；唇瓣向前伸展，舌状，长2.8毫米，无距，基部扩大并在内面具2个凹穴。

📍 **本区分布：** 马衔山。分布海拔3580～3600米。

🌡 **生境：** 高山沼泽草地。

⭐ **保护依据：** CITES附录Ⅱ；濒危（IUCN）。

✋ **建议保护措施：** 封山禁牧、清除鼠害。

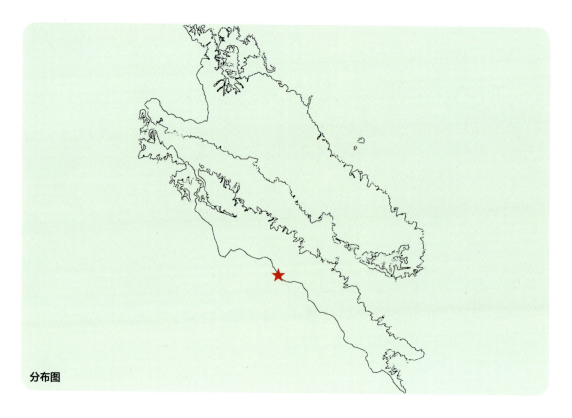

分布图

01：花期单株；02：花期单株；03：叶；04：花序；05：花

火烧兰
Epipactis helleborine (Linn.) Grantz

兰科　Orchidaceae

⭐ **形态识别要点：** 地生草本，高20～70厘米。根状茎粗短；茎具2～3枚鳞片状鞘。叶4～7枚，互生，卵圆形至椭圆状披针形，长3～13厘米，宽1～6厘米；上部叶小。总状花序长10～30厘米，具3～40朵花；花苞片叶状，向上逐渐变短；花小，绿色或淡紫色，下垂；中萼片卵状披针形，舟状，长8～13毫米，侧萼片斜卵状披针形，长9～13毫米；花瓣椭圆形，长6～8毫米；唇瓣长6～8毫米，中部明显缢缩，下唇兜状，上唇近三角形或近扁圆形。蒴果倒卵状椭圆状，长约1厘米。

◎ **本区分布：** 水岔沟、麻家寺、兴隆峡、徐家峡、唐家峡、大洼沟、阳道沟、兴隆峡口、蒲家坟、晏家洼。分布海拔2100～2700米。

🌡 **生境：** 山坡、沟谷油松林下、林缘。

⭐ **保护依据：** CITES附录Ⅱ。

✋ **建议保护措施：** 封山禁牧。

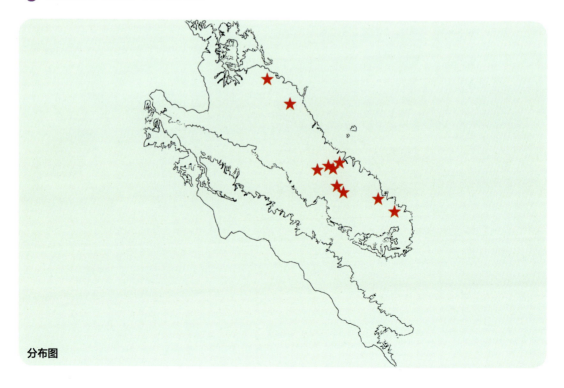

分布图

01：花期单株；02：叶；03：花序；04：花；05：果期单株；06：果

北方鸟巢兰
Neottia camtschatea (Linn.) Rchb. f.

兰科　Orchidaceae

⭐ **形态识别要点：** 腐生草本，高10～27厘米。茎中部以下具2～4枚鞘，无绿叶。总状花序顶生，长5～15厘米，具12～25朵花；花苞片近狭卵状长圆形，膜质；花梗较纤细，长3.5～5.5毫米；子房椭圆形，长2～3毫米；花淡绿色至绿白色；萼片舌状长圆形，长5～6毫米，宽约1.5毫米；侧萼片稍斜歪；花瓣线形，长3.5～4.5毫米，宽约0.5毫米；唇瓣楔形，长1～1.2厘米，上部宽1.5～2毫米，基部极狭，先端2深裂。蒴果椭圆形，长8～9毫米，宽5～6毫米。

🌐 **本区分布：** 大洼沟、小银木沟、大银木沟。分布海拔2300～2600米。

🌡 **生境：** 沟谷湿润处。

⭐ **保护依据：** CITES附录Ⅱ。

✋ **建议保护措施：** 封山禁牧。

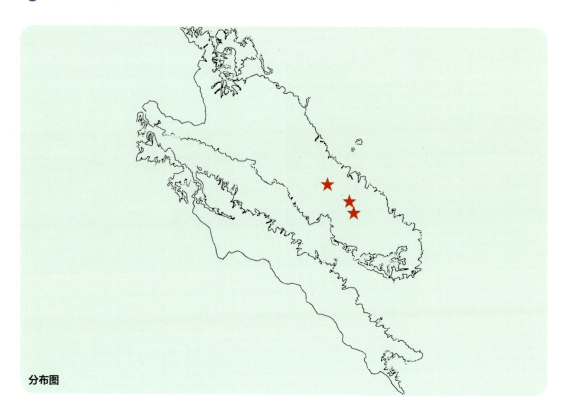

分布图

01：花期单株；02：根状茎；03：花序；04：花

太白山鸟巢兰
Neottia taibaishanensis P. H. Yang & K. Y. Lang

兰科　Orchidaceae

形态识别要点： 腐生草本，整个植物几乎灰黑色，高12～40厘米。具短的根状茎和成簇的肉质纤维根。茎中部以下具3～4枚抱茎的鞘，无绿叶。花序顶生，总状，长4～12厘米，具20～40朵花；苞片矩圆形，长2.5～3.5毫米，宽1～1.5毫米；花小，3～4朵轮生；萼片、花瓣和唇瓣灰黑色而边缘为灰白色；中萼片条状披针形，长约5毫米，宽0.5～0.6毫米；侧萼片与中萼片相似，但稍宽；花瓣狭披针形，长3毫米，宽0.5毫米；唇瓣宽倒卵形或近圆形，长3毫米，宽约2毫米；子房倒卵形，长约3毫米，具长3～4毫米的柄。

本区分布： 阳道沟。分布海拔2300～2600米。

生境： 沟谷湿润处。

保护依据： CITES附录Ⅱ；中国特有植物。

建议保护措施： 封山禁牧。

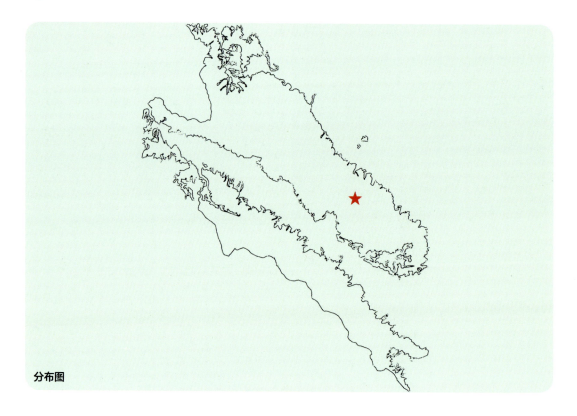

分布图

01 / 02

01：果期居群；
02：幼果序

尖唇鸟巢兰
Neottia acuminata Schltr.

兰科 Orchidaceae

⭐ **形态识别要点**：腐生草本，高14～30厘米。茎中部以下具3～5枚膜质抱茎的鞘，无绿叶。总状花序顶生，长4～8厘米，具20余朵花；花苞片长3～4毫米；花小，黄褐色，常3～4朵聚生而呈轮生状；花梗长3～4毫米；中萼片狭披针形，侧萼片与中萼片相似；花瓣狭披针形，长2～3.5毫米；唇瓣形状变化较大，通常卵形、卵状披针形或披针形，长2～3.5毫米，边缘稍内弯。蒴果椭圆形，长约6毫米，宽3～4毫米。

◎ **本区分布**：陶家窑、阳道沟。分布海拔2300～2600米。

🌡 **生境**：沟谷湿润处。

⭐ **保护依据**：CITES附录Ⅱ。

✋ **建议保护措施**：封山禁牧。

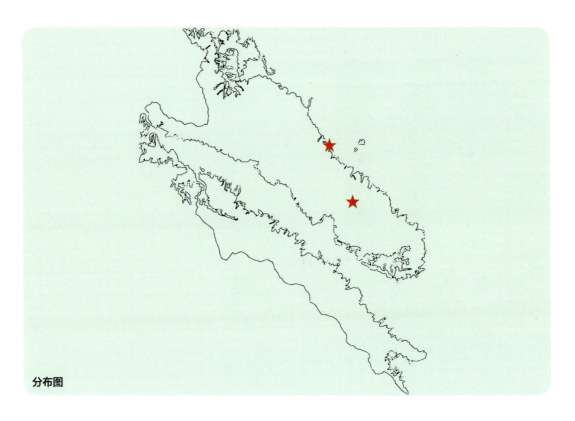

分布图

01：花期居群；02：根状茎；03：花期单株；04：花序；05：花

二花对叶兰
Neottia biflora (Schltr.) Szlach.

兰科　Orchidaceae

⭐ **形态识别要点：** 地生小草本，高10～13厘米。茎近基部处具1枚鞘。茎上部2/3～3/4处具2枚近对生的叶，叶片明显不等大，下方1枚宽卵形或椭圆状卵形，长1.2～1.7厘米，宽0.8～1.2厘米，上方1枚卵形，略短，宽5～7毫米。总状花序具1～2朵花；花苞片卵状披针形；子房长约4毫米；中萼片卵状椭圆形，长6毫米，背面具龙骨状突起；侧萼片线状披针形，背面具龙骨状突起；花瓣线形，与萼片近等长；唇瓣楔形，长8～10毫米，先端具弯缺，弯缺中央具细尖头。

📍 **本区分布：** 八盘梁。分布海拔3000～3100米。

🌡 **生境：** 阴坡高山灌丛下。

⭐ **保护依据：** CITES附录Ⅱ；中国特有植物。

✋ **建议保护措施：** 封山禁牧。

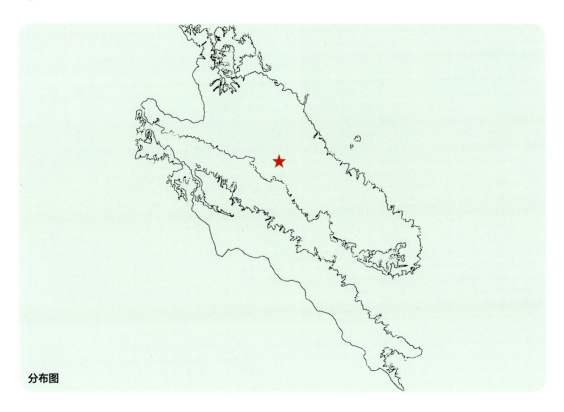

分布图

01：果期单株；02：叶；03：幼果序

对叶兰
Neottia puberula (Maxim.) Szlach.

兰科　Orchidaceae

形态识别要点： 地生草本，高10～20厘米。根状茎细长；茎近基部具2枚膜质鞘。茎近中部具2枚对生叶，叶片心形至宽卵形，长1.5～2.5厘米，基部宽楔形或近心形，边缘皱波状。总状花序长2.5～7厘米，疏生4～7朵花；花苞片披针形，长1.5～3.5毫米；花梗长3～4毫米；花绿色，很小；中萼片卵状披针形，长约2.5毫米，侧萼片斜卵状披针形，与中萼片近等长；花瓣线形，长约2.5毫米；唇瓣窄倒卵状楔形或长圆状楔形，长6～8毫米，先端2裂，裂片长圆形。蒴果倒卵形，长6毫米，粗约3.5毫米。

本区分布： 阳道沟。分布海拔2500～2600米。

生境： 沟谷林下湿润地。

保护依据： CITES附录Ⅱ。

建议保护措施： 封山禁牧。

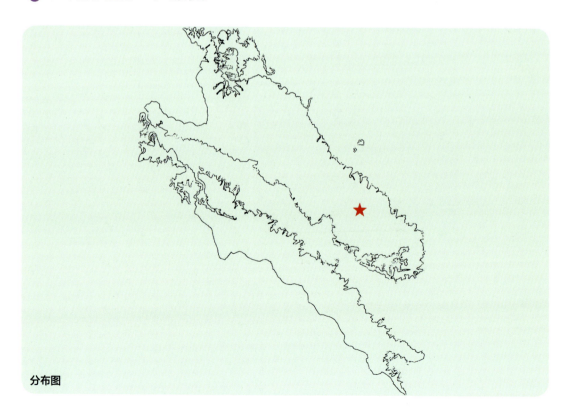

分布图

01:花期居群;02:花期植株;03:叶;
04:花序;05:花;06:成熟果序

裂唇虎舌兰
Epipogium aphyllum Sw.

兰科 Orchidaceae

⭐ **形态识别要点**：腐生草本，高10～30厘米。地下具珊瑚状根状茎。茎淡褐色，肉质，无绿叶，具数枚膜质抱茎的鞘。总状花序具2～6朵花；花苞片狭卵状长圆形；花梗纤细，长3～5毫米；花黄色而带粉红色或淡紫色晕，多少下垂；萼片披针形，长1.2～1.8厘米，宽2～3毫米；花瓣与萼片相似，常略宽于萼片；唇瓣近基部3裂，侧裂片直立，近长圆形或卵状长圆形，中裂片卵状椭圆形，凹陷，内面常有4～6条紫红色的纵脊，纵脊皱波状；距粗大，长5～8毫米，宽4～5毫米，末端浑圆。

🟢 **本区分布**：阳道沟。分布海拔2300～2600米。

🌡 **生境**：山坡或沟谷林下。

⭐ **保护依据**：CITES附录Ⅱ；濒危（IUCN）。

✋ **建议保护措施**：封山禁牧。

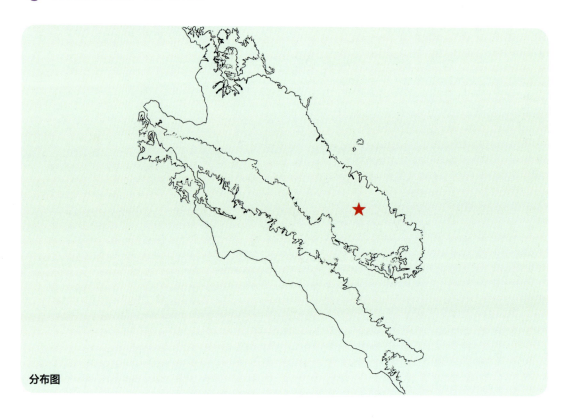

分布图

01	02
	03
04	

01：花期居群；02：花期单株；
03：花序；04：花

原沼兰
Malaxis monophyllos (Linn.) Sw.

兰科 Orchidaceae

⭐ **形态识别要点：** 地生草本，高10～40厘米。假鳞茎卵形，长6～8毫米，直径4～5毫米。叶1枚，较少2枚，卵形、长圆形或近椭圆形，长2.5～12厘米，宽1～6厘米，基部收狭成柄；叶柄长3～8厘米，抱茎或上部离生。总状花序长4～20厘米，具花数10朵或更多；花苞片披针形；花小，较密集，淡黄绿色至淡绿色；中萼片披针形，侧萼片线状披针形；花瓣近丝状，长1.5～3.5毫米；唇瓣长3～4毫米，先端骤然收狭而成线状披针形的尾。

🌐 **本区分布：** 官滩沟东沟、八盘梁、西番沟梁。分布海拔2400～3000米。

🌡 **生境：** 林下、高山灌丛湿润土壤。

⭐ **保护依据：** CITES附录Ⅱ。

✋ **建议保护措施：** 封山禁牧。

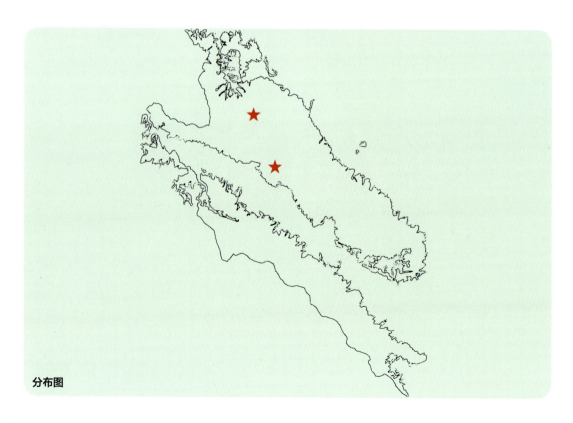

分布图

01：花期居群；02：花期单株；03：叶；04：花序；05：成熟果序

参考文献

Flora of China[EB/OL]. Saint Louis：Missouri Botanical Garden Press,1994–2013. http://foc.bio-mirror.cn/.

濒危野生动植物种国际贸易公约[EB/CL]. [2019-12-12] http://www.cites.org.cn/citesgy/fl/201911/t20191111_524091.html.

傅立国. 中国植物红皮书[M]. 北京: 科学出版社, 1991.

国家林业局野生动植物保护与自然保护区管理司, 中国科学院植物研究所. 中国珍稀濒危植物图鉴[M]. 北京: 中国林业出版社, 2013.

汪松，解焱. 中国物种红色名录[M]. 北京: 高等教育出版社, 2004.

王香亭. 甘肃兴隆山国家级自然保护区资源本底调查研究[M]. 兰州：甘肃民族出版社，1996.

中国科学院北京植物研究所. 中国高等植物图鉴(第1–5册) [M]. 北京: 科学出版社，1972–1983.

中国植物志编辑委员会. 中国植物志[M]. 北京: 科学出版社，1959–2004.

中文名索引

A
凹舌掌裂兰 086

B
巴山冷杉 002
北方盔花兰 076
北方鸟巢兰 102
扁果草 018

C
穿龙薯蓣 062

D
单子麻黄 006
淡紫花黄耆 028
对耳舌唇兰 084
对叶兰 110

E
二花对叶兰 108
二叶兜被兰 092
二叶舌唇兰 080

G
甘草 030
疙瘩七 038
广布小红门兰 078

H
河北盔花兰 074
红北极果 040
黄瑞香 032
黄缨菊 052
火烧兰 100

J
鸡爪大黄 012
尖唇鸟巢兰 106
剑唇兜蕊兰 096
角盘兰 088
金荞 008

K
孔唇兰 098
款冬 054

L
冷兰 094
裂瓣角盘兰 090
裂唇虎舌兰 112
绿花杓兰 068

M
麻花芄 042
毛杓兰 066
蒙古白头翁 020
蒙古黄耆 026
密生波罗花 046

Q
七叶一枝花 058
秦艽 044

蜻蜓舌唇兰 …………………………………… 082

R
锐棱阴山荠 …………………………………… 024

S
射干 …………………………………………… 064
绶草 …………………………………………… 072

T
太白山鸟巢兰 ………………………………… 104
唐古特瑞香 …………………………………… 034
桃儿七 ………………………………………… 050
驼绒藜 ………………………………………… 016

W
五福花 ………………………………………… 048

X
小斑叶兰 ……………………………………… 070
小大黄 ………………………………………… 014
星叶草 ………………………………………… 022

Y
一把伞南星 …………………………………… 056
榆中贝母 ……………………………………… 060
原沼兰 ………………………………………… 114

Z
掌叶大黄 ……………………………………… 010
中麻黄 ………………………………………… 004
珠子参 ………………………………………… 036

拉丁名索引

A

Abies fargesii Franch. ···············002
Adoxa moschatellina Linn. ···············048
Androcorys pugioniformis (Lindl. ex J.D.Hook.) K. Y. Lang ···············096
Arctous ruber (Rehd. et Wils.) Nakai ···············040
Arisaema erubescens (Wall.) Schott. ···············056
Astragalus mongholicus Bunge ···············026
Astragalus purpurinus (Y. C. Ho) Podlech & L. R. Xu ···············028

B

Belamcanda chinensis (Linn.) Redouté ···············064

C

Circaeaster agrestis Maxim. ···············022
Cypripedium franchetii E. H. Wilson ···············066
Cypripedium henryi Rolfe ···············068

D

Dactylorhiza viridis (Linn.) R. M. Bateman ···············086
Daphne giraldii Nitsche ···············032
Daphne tangutica Maxim. ···············034
Dioscorea nipponica Makino ···············062

E

Ephedra intermedia Schrenk ex Mey. ···············004
Ephedra monosperma Gmel. ex Mey. ···············006
Epipactis helleborine (Linn.) Grantz ···············100
Epipogium aphyllum Sw. ···············112

F

Fagopyrum dibotrys (D. Don) H. Hara ···············008
Frigidorchis humidicola (K. Y. Lang & D. S. Deng) Z. J. Liu & S. C. Chen ···············094
Fritillaria yuzhongensis G. D. Yu. et Y. S. Zhou ···············060

G

Galearis roborowskyi (Maxim.) S. C. Chen, P. J. Cribb & S. W. Gale ···············076
Galearis tschiliensis (Schltr.) S. C. Chen, P. J. Cribb & S. W. Gale ···············074
Gentiana macrophylla Pall. ···············044
Gentiana straminea Maxim. ···············042
Glycyrrhiza uralensis Fisch. ex Candolle ···············030
Goodyera repens (Linn.) R. Brown ···············070

H

Herminium alaschanicum Maxim. ···············090
Herminium monorchis (Linn.) R. Brown ···············088

I

Incarvillea compacta Maxim. ···············046
Isopyrum anemonoides Kar. et Kir. ···············018

K

Krascheninnikovia ceratoides (Linn.) Gueldenst. ···············016

M

Malaxis monophyllos (Linn.) Sw. ···············114

N

Neottia acuminata Schltr. ················ 106

Neottia biflora (Schltr.) Szlach. ················ 108

Neottia camtschatea (Linn.) Rchb. f. ················ 102

Neottia puberula (Maxim.) Szlach. ················ 110

Neottia taibaishanensis P. H. Yang & K. Y. Lang ·· 104

Neottianthe cucullata (Linn.) Schltr. ················ 092

P

Panax japonicus (T. Nees) C. A. Mey. var. *bipinnatifidus* (Seemann) C. Y. Wu & K. M. Feng ················ 038

Panax japonicus (T. Nees) C. A. Mey. var. *major* (Burkill) C. Y. Wu & K. M. Feng ················ 036

Paris polyphylla Smith ················ 058

Platanthera chlorantha (Custer) Rchb. f. ················ 080

Platanthera finetiana Schltr. ················ 084

Platanthera souliei Kraenzl. ················ 082

Ponerorchis chusua (D. Don) Soó ················ 078

Porolabium biporosum (Maxim.) Tang & F. T. Wang ················ 098

Pulsatilla ambigua (Turcz. ex Hayek) Juz. ················ 020

R

Rheum palmatum Linn. ················ 010

Rheum pumilum Maxim. ················ 014

Rheum tanguticum (Maxim. ex Regel) Maxim. ex Balf. ················ 012

S

Sinopodophyllum hexandrum (Royle) T. S. Ying ······ 050

Spiranthes sinensis (Pers.) Ames ················ 072

T

Tussilago farfara Linn. ················ 054

X

Xanthopappus subacaulis C.Winkl. ················ 052

Y

Yinshania acutangula (O. E. Schulz) Y. H. Zhang ···· 024